Die Originalausgabe ist 2008 unter dem Titel »Gatti/Cats« bei Edizioni Gribaudo slr, Savigliano erschienen.

Texte: Vanina M. Carta
Fotos: Adriano Bacchella, ICP online: S.: 51, 101, 151, 201, 248, 299, 351, 400; wikimedia
Einbandgestaltung: Luis dos Santos
Die Übertragung ins Deutsche besorgte Susan Pinotin

ISBN 978-3-275-01759-1

2. Auflage 2011

Postfach 103743, 70032 Stuttgart
Ein Unternehmen der Paul Pietsch-Verlage GmbH & Co.
Lizenznehmer der Bucheli Verlags AG, Baarerstr. 43 Ch-6304 Zug

Sie finden uns im Internet unter www.motorbuch-verlag.de

Lektorat: Claudia König
Printed in China

Liebenswerte Katzen

Adriano Bacchella

Eine Katze fragt nicht, sondern nimmt.

Garfield

Samtpfoten

Seit Jahrtausenden bezaubert, fasziniert und erobert die Katze die Herzen von Denkern, Schriftstellern, Philosophen, Erfindern und Wissenschaftlern. Man kann sagen, dass in der gesamten Geschichte der Menschheit kein anderes Tier die Phantasie so umfassend angeregt und beschäftigt hat wie die Katze.

Ihre geschmeidigen, eleganten und anmutigen Bewegungen und ihr kühler, selbstbewusster Charakter inspirierte schon immer die großen Dichter zu kühnen Versen, zu Vergleichen mit einer geliebten Frau, den großen Rätseln des Universums, der perfekten Form oder der Verkörperung totaler Harmonie. Leonardo da Vinci (1452–1519) sagte: »Selbst die kleinste Katze ist ein Meisterwerk«, und die zeitgenössische

Autorin Doris Lessing schrieb eine leidenschaftliche Hymne auf die Katze. In der Literatur finden wir seit unzähligen Jahren zahlreiche Schriften über die Liebe, Zartheit, Bewunderung, ja sogar Hingabe in Bezug auf Katzen. Eines der ältesten Gedichte über Katzen stammt aus dem achten Jahrhundert und wurde von einem unbekannten irischen Mönch verfasst. Beispiele großer Leidenschaft zu Katzen finden wir aber ebenso bei den unsterblichen Dichtern wie Francesco Petrarcha (1304-1374), der, so wird erzählt, seiner vierbeinigen Freundin so verfallen gewesen sein soll, dass er sie genau so sehr liebte wie Laura, seine Muse.
Auch Torquato Tasso, fasziniert von der hypnotischen Macht des Blickes einer Katze, schrieb leidenschaftliche Verse über sie. Deshalb war und ist die Katze ein literarisches und sentimentales Thema, das immer bestand und trotz zeitlicher Nöte, des Untergangs gewisser Sitten und Bräuche, neuer Denkweisen, literarischer Stile und kulturellem Fortschritt stets auf fruchtbaren Boden fiel.
Von Christopher Smart (1722–1771) bis François-René de Chateaubriand (1768–1848); von William Wordsworth (1770–1850) bis Heinrich Heine (1797-1856) – viele Dichter und Schriftsteller haben erfolgreich in ihren Werken den Blick einer Katze oder den Schatten einer ihrer tausend verschiedenen Charaktere eingefangen.
Die Rolle moralischer Unterstützung in schlechten Zeiten schilderte Christopher Smart mit großer Leidenschaft und Sachverstand in »Jubilate Agno« (seine Katze, Joffrey, half ihm bei der Bewältigung der schwierigen Zeit, als er in einer Nervenklinik eingesperrt war) ebenso Chateaubriand, der den freien Geist und die sprichwörtliche Faulheit einer Katze lobte. »Die Katze ist ein Einzelgänger, sie hat kein Bedürfnis nach Gesellschaft, gehorcht nur, wenn es ihr

gefällt, gibt vor, zu schlafen, um vielleicht noch klarer zu sehen ...«

Die Liebe zum Spiel und ihre Behändigkeit wird von Wordsworth in vielen Strophen seiner Gedichte erwähnt. Auch Heinrich Heine beschrieb die Eleganz und den Adel der Katze.

Die Eigenheiten von Katzen sind zahlreich und oft widersprüchlich. Die Katze ist in der Tat manchmal wie ein zärtliches Kind und wildes Tier, ein Spieler und Gauner, dreister Dieb und Lügner, fauler Opportunist und liebevoller Tröster, samtweiche Seelenstütze, eine vornehme und empfindsame Kreatur ebenso wie ein teuflisches nächtliches Phantom.

Opfer des zweideutigen Charmes dieser »schizophrenen« Seele waren auch einige Berühmtheiten des achtzehnten Jahrhunderts, wie Jules Champfleury (1821–1899), Thomas S. Eliot (1821–1867), Mark Twain (1835–1910), Rudyard Kipling (1865–1936), Guillaume Apollinaire (1880–1918),

Aldous Leonard Huxley (1887–1907), Walter Scott und Anton Tschechow. Charles Baudelaire (1821–1867) beschreibt in perfektester Weise die Faszination dieses Tieres:

Komm, schöne Katze, auf mein liebend Herze,
und halte noch zurück der Pfote Krallen;
lass tauchend mich in deine Augen fallen,
worin sich mischen der Achat und Erze.

Wenn meine Finger streicheln ohne Hast,
dein Haupt und den geschmeidigsten der Rücken,
die Hände trunken vom Entzücken,
den Leib, der Ströme ausschickt, abzutasten.

Seh ich mein Weib im Geist! Sein Blick verzehrt
wie deiner, du so liebenswertes Tier,
gleich tief und kalt und schneidend wie ein Schwert.

Und von dem Fuß zum Haupte schwimmen ihr
in flüchtigen Häuchchen Düfte voll Gefahren,
die ihres braunen Leibes Reize sich paaren.

Baudelaire war völlig verzückt von der Unerschütterlichkeit, der Tiefe ihres Blickes und der rätselhaften Aura, die eine Katze umgibt.
Eliot schrieb zahlreiche Gedichte über Katzen mit unterschiedlichsten Charakteren, und in dem berühmten, erfolgreichen Musical »Cats« von Andrew Lloyd Webber gibt es die schlaue Katze Macavity, eine schlimme Gaunerin und wahre Teufelsadvokatin.
Auch in Geschichten für Kinder gibt es zahlreiche Katzenfiguren und Zitate, die lakonisch die intimsten Geheimnisse einer Katze enthüllen: *»Einer der wesentlichen Unterschiede zwischen einer Katze und einer Lüge ist, dass eine Katze nur neun Leben hat.«*

Für Apollinaire ist eine Katze im Haus zu haben eine der wichtigsten Voraussetzungen um zu leben: *»Ich will in meinem Haus eine vernünftige Frau haben, eine Katze, die es sich im Bücherregal bequem macht, und Freunde das ganze Jahr über; ohne eines dieser Dinge kann ich nicht leben.«* Huxley sah wie viele andere in der Katze den unentbehrlichen Begleiter eines jeden Schriftstellers und eine stete Quelle von Inspiration. *»Wenn Sie Autor psychologischer Bücher sein wollen, dann ist es am besten, Sie holen sich zwei Katzen ins Haus.«*

Kipling schuf eine echte Katzen-Mythologie, die, in dem kindlichen Stil eines Märchens verfasst, unwiderlegbare Wahrheiten bezüglich der Natur einer Katze und deren Beziehung zum Mann (und zur Frau) widerspiegelt. Die fabelhafte »historische« Abhandlung erzählt die Geschichte vom schwierigen Prozess, eine Katze zu domestizieren. Während sich Hund, Pferd und Kuh der Höhle des Menschen nähern und vom Duft gekochten Fleisches über dem Feuer oder gutem Stroh angezogen, von der Frau dann überredet werden, als Gegenleistung für Futter dem Mensch zu dienen, zeigt sich die Katze sehr widerwillig, auch nur einen kleinen Teil ihrer Unabhängigkeit aufzugeben. Dennoch erliegt sie am Ende der menschlichen Wärme, dem Duft der Milch, und trifft nach vielen Versuchen schlussendlich mit der Frau ein Abkommen: sie darf sich am Feuer wärmen und warme Milch trinken. Aber als der Mann und Hund nach Hause kommen und von dieser Abmachung hören, fordern sie eine Gegenleistung für diese Gastfreundschaft. Also jagt die Katze Mäuse und lässt sich von den Kindern streicheln. Dies ist, Kipling zufolge, der typische Katzen-Kompromiss: sie akzeptiert menschliche Gesellschaft, ohne dafür aber ihre Unabhängigkeit und ihren Stolz aufzugeben:

»Es ist die Katze, die ihren Weg allein und überall hin geht.«

Aber nicht nur Kipling macht den Versuch, mystische Theorien zu entwickeln, um zu erklären, wie es so ein intelligentes, weises und gleichzeitig noch wildes Tier akzeptieren kann, mit einem so »unterentwickelten« Lebewesen wie

dem Menschen zusammen zu leben. Auch der Schriftsteller William Faulkner (1897–1962) ist dieser Faszination erlegen.

Aber es gibt natürlich auch noch all jene Katzenliebhaber, die zwar nicht so berühmt, jedoch mit der gleichen Leidenschaft in Versen ihre Schönheit loben und ihr Geheimnis entdecken möchten.

Da gibt es das anrührende Gedicht eines unbekannten Katzenliebhabers:

»Als Gott die Katze erschuf,
hatte er kein Rezept;
er wusste, dass er etwas Süßes wollte,
so süß wie ein Bonbon.
Er nahm Zucker,
fügte Gewürze dazu.
... Er schuf Akrobaten,

und gab ihnen Anmut und Balance;
ihre naive Neugier,
nahm er von kleinen Buben.
... Dann formte er ihren kleinen Körper,
der bequem auf einen Schoß passen
sollte ...«

Um zu den berühmte Namen zurückzukommen, ist es unumgänglich, Schriftsteller wie Ernest Hemingway (1899–1961), Jack Kerouac (1922–1969), Pablo Neruda (1904–1973), Giuseppe Ungaretti (1888–1970) und Gabrielle-Sidonie Colette (1880–1954) zu erwähnen: empfindsame Seelen, die nicht nur über Katzen geschrieben haben, sondern deren Präsenz und Zuneigung am eigenen Leib erfahren durften.
Ein exemplarisches Beispiel ist Hemingway, der seine dreißig Katzen so sehr liebte, dass er ihnen ein eigenes Haus mit Katzenbetten auf seiner Finca Vigia (auf Kuba) bauen ließ. Es ist deshalb kein Zufall, dass sein Ausspruch »*Eine Katze führt zwangsläufig zu weiteren*« weltberühmt wurde.
Auch Jack Kerouac liebte es, von Katzen umgeben zu sein, und als einer seiner kleinen Freunde plötzlich starb, bekam er eine lange und schwere Depression.
In Pablo Nerudas »Die Katze« finden wir Beispiele »katzenartiger« Metaphern, die ebenso bizarr wie hellseherisch sind:

O kleiner Kaiser ohne ein Reich,
Eroberer ohne ein Heimatland,
kleiner Wohnzimmer-Tiger:
Du verbreitest einen Hauch von Liebe,
wenn du vorbeigehst
und mit vier flinken Pfoten
elegant auf dem Boden schreitest,
du schnüffelst vorsichtig
an allen irdenen Dingen,
weil alles zu schmutzig sein könnte
für die makellosen Katzenpfoten.

Ungaretti und Colette, beide leidenschaftliche Katzenliebhaber, ließen sich gerne mit ihren Kätzchen fotografieren. Die Liste berühmter Katzenliebhaber

kann noch beliebig fortgesetzt werden: Pierre Loti, Pelham G. Wodehouse, Luis Sepúlveda, Fernando Pessoa, Michail Bulgakov, Günter Grass ...

Das Stichwort »Katze« hat schon immer für Gesprächsstoff gesorgt, zu lebhaften Debatten geführt und große Gefühle wie Liebe oder Hass geweckt, da sie unvergleichlich ist und *»das einzige Tier, das schon gereift und stolz auf die Welt kommt«* (Pablo Neruda).

Die Katze ist ein hochbegabter facettenreicher Schauspieler, unberechenbar und spontan, was uns immer wieder in Erstaunen versetzt.

Eliot hatte dies erspürt und festgestellt, dass es unmöglich ist, einer Katze einen Namen zu geben. Die Katze hat schon einen richtigen Namen, aber sie hält ihn geheimnisvoll in ihrem Inneren wie einen kostbaren Schatz. Er bleibt ihr Geheimnis, mit dem sie für immer ihre wahre Identität verbirgt und weil sie weiß, dass dieser Name ihr exaktes Spiegelbild ist. Genau wie ein Schauspieler, der nicht weiß, wie und wo sich seine eigene Persönlichkeit von der seiner »Rollen«-Charaktere unterscheidet. Und deshalb ist alles, was wir eingeschränkten und anmaßenden Menschen tun können, Distanz zu halten, ihr Geheimnis nicht lüften zu wollen, ihren Blick nicht zu analysieren, sie nicht auf Freuds Couch zu legen – weil die Katze der lebendige Beweis dafür ist, dass das echte Rätsel nicht im Sichtbaren, sondern im Unsichtbaren zu finden ist.

Wie heißen die Katzen

»Wie heißen die Katzen?« gehört zu den kniffligsten Fragen
Und nicht in die Rätselecke für jumper-strickende Damen.
Ich darf Ihnen, ganz im Vertrauen, sagen:
Eine jede Katze hat drei verschiedene Namen.
Zunächst den Namen für Hausgebrauch und Familie,
Wie Paul oder Moritz (in ungefähr diesem Rahmen),
Oder Max oder Peter oder auch Petersilie.
Kurz, lauter vernünft'ge, alltägliche Namen.
Oder, hübscher noch, Murr oder Fangemaus.
Oder auch, nach den Mustern aus klassischen Dramen:
Iphigenie, Orest oder Menelaus.
Also immer noch ziemlich vernünft'ge, alltägliche Namen.
Doch nun zu dem nächsten Namen, dem zweiten:
Den muss man besonders und anders entwickeln.
Sonst könnten die Katzen nicht königlich schreiten,
Noch gar mit erhobenem Schwanz perpendikeln.
Zu solchen Namen zählt beispielsweise

Schnurroaster, Tatzitus, Katzastrophal,
Kralline, Nick Kater und Kratzeleise.
Und jeden der Namen gibt's nur einmal.
Doch schließlich hat jede noch einen dritten!
Ihn kennt nur die Katze und gibt ihn nicht preis.
Da nützt kein Scharfsinn, da hilft kein Bitten.
Sie bleibt die einzige, die ihn weiß.
Sooft sie versunken, versonnen und verträumt vor sich hinstarrt, ihr Herren und Damen,
hat's immer und immer den gleichen Grund:
Dann denkt sie und denkt sie an diesen Namen,
den unaussprechlichen,
unausgesprochenen,
den ausgesprochenen unaussprechlichen,
geheimnisvoll dritten Namen.

T. S. Eliot

Von Katzen

Vergangnen Maitag brachte meine Katze
zur Welt sechs allerliebste kleine Kätzchen,
Maikätzchen, alle weiß mit schwarzen Schwänzchen.
Fürwahr, es war ein zierlich Wochenbettchen!

Die Köchin aber – Köchinnen sind grausam,
und Menschlichkeit wächst nicht in einer Küche –,
die wollte von den sechsen fünf ertränken,
fünf weiße, schwarzgeschwänzte Maienkätzchen
ermorden wollte dies verruchte Weib.

Ich half ihr heim! – Der Himmel segne
mir meine Menschlichkeit! Die lieben Kätzchen,
sie wuchsen auf und schritten binnen kurzem
erhobnen Schwanzes über Hof und Herd;
ja, wie die Köchin auch ingrimmig dreinsah,
sie wuchsen auf, und nachts vor ihrem Fenster
probierten sie die allerliebsten Stimmchen.
Ich aber, wie ich sie so wachsen sahe,
ich pries mich selbst und meine Menschlichkeit.

Ein Jahr ist um, und Katzen sind die Kätzchen,
und Maitag ist's! – Wie soll ich es beschreiben,
das Schauspiel, das sich jetzt vor mir entfaltet!
Mein ganzes Haus, vom Keller bis zum Giebel,
ein jeder Winkel ist ein Wochenbettchen!

Hier liegt das eine, dort das andre Kätzchen,
in Schränken, Körben, unterm Tisch und Treppen,
die Alte gar – nein, es ist unaussprechlich,
liegt in der Köchin jungfräulichem Bette!
Und jede, jede von den sieben Katzen
hat sieben, denkt euch! sieben junge Kätzchen,
Maikätzchen, alle weiß mit schwarzen Schwänzchen!

Die Köchin rast, ich kann der blinden Wut
nicht Schranken setzen dieses Frauenzimmers;
ersäufen will sie alle neunundvierzig!

Mir selber, ach, mir läuft der Kopf davon –
o Menschlichkeit, wie soll ich dich bewahren!
Was fang ich an mit sechsundfünfzig Katzen!

Nachspiel

Ob ich nun mit jener Katze meine eigene gemeint,
oder Nachbars Katze, was nicht gar unmöglich scheint,
oder gar des Bürgermeisters, gar des Präsidenten Vieh,
oder – was doch ganz unglaublich – Katzen aus der Phantasie,
dieses zu erraten will ich allen Guten anempfehlen,
deren liebevolle Zähne sich mit solchen Nüssen quälen.

Theodor Storm

Der Roman

Zum Frühstück gab es Brötchen,
hierzu trank man Kaffee;
die Katze und ihr Pfötchen
noch heut' ich vor mir seh.

Ich schuf um jene Zeiten
auf hübsch geblümtem Tuch,
Erfolg mir zu erstreiten,
ein umfangreiches Buch.

Durch Tage, Nächte, Wochen,
in schweigendem Gelass,
schrieb ich ununterbrochen.
Was für ein Fleiß war das!

Der Katze leises Raunen
trieb mich zum Dichten an.
Aus einer Schar von Launen
erstand mir der Roman.

Robert Walser

Die Katzen

Die toll Verliebten und die strengen Weisen
verehren, wenn die Kraft und Jugend schmolz,
die Katzen sanft und stark, des Hauses Stolz,
die fröstelnd, so wie sie, den Herd umkreisen.

Die, so wie sie, Weisheit und Sinnenglut
und Dunkel lieben,
Nacht von Grau'n durchflossen,
die sich der Orkus hätt' erwählt zu Rossen,
stünd' seinem Dienst zu Kauf ihr stolzes Blut.

Sie gleichen Statuen,
wenn sie sinnend kauern,
den großen Sphinxen in der Wüste Schauern,
die ewig dämmern an des Traumes Rand.

Aus ihren Lenden magische Funken sprühen,
und wie besternt von feinem goldnen Sand
scheint ihres rätselvollen Auges Glühen.

Charles Baudelaire

Wildes Katzenleben

»Die Katze: behaarte, weiche Kreatur, mit anmutigen und widersprüchlichen Bewegungen, liebt Bewegung und Schlaf, agil und faul, zärtlich und hinterhältig, liebevoll und stolz, sanftmütig und misstrauisch, domestiziert und unabhängig, fügsam und wild, emotional und falsch, unbeständig und stur, neugierig und müßig, aber immer, immer vornehm und edel. In einem Wort, das Wesen einer Katze; ein lebender Widerspruch in sich.«

Dies könnte die erste, skizzenhafte Definition sein für das ideale Wörterbuch für Katzenliebhaber. Es ist eine Definition, die, obwohl ziemlich voreingenommen, versucht, all die Merkmale eines Lebewesens in unsere menschliche Sprache zu übersetzen, in dem Bewusstsein, dass die Katzensprache ebenso faszinierend wie einfach ist.
Es sind einige der Facetten dieses kleinen Meisterwerks, das trotz Millionen von Jahren der Evolution fortbestehen konnte und heimlich und sorgfältig den natürlichen Instinkt eines wilden Tieres bewahren konnte.
Dem ersten Anschein nach schläft eine Katze fast ununterbrochen, ein offener Beweis ihrer Domestizierung: Wir finden sie im Haus auf den bequemsten und weichsten Sesseln schlafend, schnurrend und dem Menschen zugetan. Aber das ist weder ein Zeichen einer gespaltenen Persönlichkeit, noch ist es ein Beweis ihrer Anpassung. Die Katze ist sich dessen bewusst und kennt genau den Moment, in dem sie ihr wahres Katzenwesen enthüllt.
Man könnte sagen, dass ihr die Geschichte recht gegeben hat; sie konnte geduldig abwarten und die »Barbarei« tolerieren, die sie umgab – als ob sie seit Jahrtausenden in der Lage sei, ihr wahres Wesen und ihre Lebensphilosophie in einem geheimen Winkel ihrer Persönlichkeit zu verstecken, wenn

sie dazu gezwungen war, ihren Lebensraum mit zweifellos minderwertigen Kreaturen teilen zu müssen. Sie konnte warten und es war ihr klar, dass der Mensch mit seinem begrenzten Horizont nicht die Vielfalt der Natur begreifen würde. Also blieb ihr nichts anderes übrig, als ihn zu ertragen und ihn nach guter Katzenart mit Herablassung zu behandeln, bis der richtige Zeitpunkt kommt, wegzugehen und ihrer Natur gemäß zu handeln.

Trotz evolutionärer Theorien der noblen Menschheit und der Erfahrungen aus Jahrtausenden Geschichte blieb ein unverfälschtes, reines Wesen, das sich selbst treu geblieben und in der Lage ist, beim ersten Hauch von

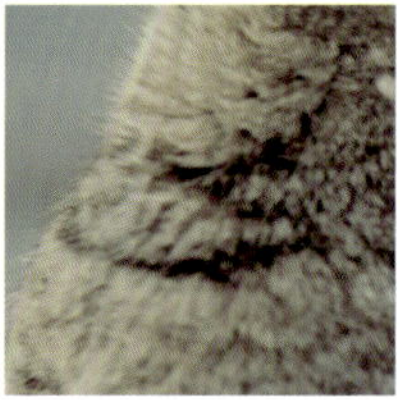

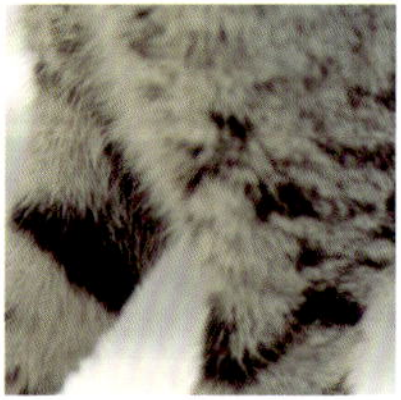

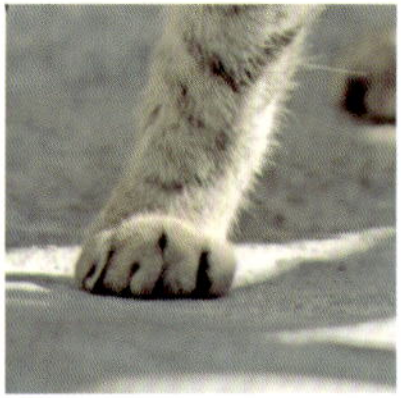

Freiheit zu den Ursprüngen seiner natürlichen Umgebung zurückzukehren. Dieser Geist der Freiheit wird dann beim Streunen durch die Büsche und die Wälder, beim Klettern auf Zäune oder beim Überqueren der Landstraßen wieder geboren.

An jedem Ort, um Kipling zu zitieren, eröffnet sich für eine Katze das gleiche Bild: der Garten am Haus wird zu einem verwunschenen Wald wie im Märchen, Schauplatz aufregender Abenteuer und anregender Erlebnisse. Die dunklen und geheimnisvollen Straßen verbergen vielleicht heimtückische Gefahren, denen eine richtige Katze mit Stolz, Mut und Neugier entgegentritt und ihre Katzenehre verteidigt. Bäume werden Gebirge, die bestiegen

werden müssen, und jedes Blatt, jeder Zweig und jeder bewegliche Gegenstand erwacht wie mit Geisterhand zum Leben und wird in ein Wesen umgestaltet, das lockt, provoziert und angreift.
Das Leben in Freiheit ist ein Dschungel, in dem ein wachsames Auge überlebenswichtig ist, doch ist es auch ein Universum von endlosem Spiel und Vergnügen. In diesem riesigen Vergnügungspark, den es zu erforschen und kennenzulernen gilt, wird die Katzenehre wieder hergestellt.
Das sanfte Kätzchen, das bis vor kurzem fest schlief, sich auf seiner Schlafstelle räkelt und streckt, verwandelt sich dann in einen nicht wieder erkennbaren Katzen-Abenteurer. Es ist jetzt Löwe, Tiger, Leopard, Luchs, Panther, Schlange, Bär, unermüdlicher Jäger, leidenschaftlicher Fischer (aber nur, wenn es nicht zu nass dabei wird) und Geheimagent mit einem unvergleichlichen Geruchssinn.
Wenn es dann später auf Samtpfoten nach Hause kommt, ist ihm keine Spur seines Doppellebens anzusehen.
Jean Burden sagt: »Wenn die Katze über ihren eigenen stillen Hof streift oder vor dem Feuer schläft, ist sie doch nur ein Schnurrhaar entfernt von der Wildnis.«
Die Tarnkappe, die die Katze bei sich zu Hause trägt, ist perfekt – sie ist wirklich eine geniale Schauspielerin!

Die kleinste Katze ist ein Meisterwerk.

Leonardo da Vinci

Katzen

Sie liegen irgendwo in den gewohnten
Ecken und scheinen zu sinnen.
Die Augen schimmern grün.
Man darf sie necken, sie lassen sich
gewinnen.
Und alsdann legen
sie sich auf den
Bauch und runden
den Leib, versuchen
mit Schnauze und
Pfoten Deine Hände zu greifen, und ihre
Augen glühn,die grünblaugraugelbroten ...
Irgendwann erheben sie sich und beginnen
eine kleine Vergnügungsreise durchs Haus.
Schließlich sehen sie zu einem offenen
Fenster hinaus, sie strecken die Schnauze
in die Luft und
lassen die Augen
schweifen, prüfen:
kann diese
Witterung einem
Katzentier munden?
Und schon sind sie
mit wahrhaft musikalischem Sprung in der
blauen Luft verschwunden.
Am Abend sind sie plötzlich wieder da.
Man findet sie wie seidige, o so geschmei-
dige Damen, die man vor Stunden
glänzend und stark aus der Tür treten sah,
mit ausgestreckten Beinen weich
zerknittert irgendwo, wo sie in Erinnerung
versunken scheinen.

René Schickele

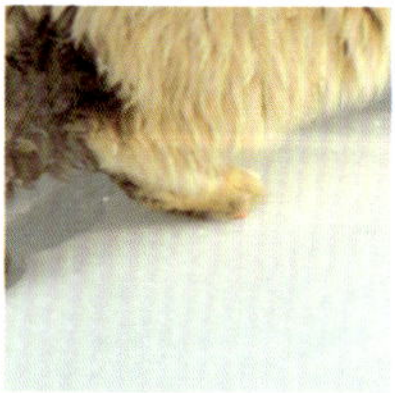

Im Kreml noch Licht

Das ist Lenins weiße Katze
Jede Nacht macht sie Patrouille
Ihre ernsten grünen Augen
Sehen pünktlich aus dem Fenster

Sie frisst ungeratnes Schreibwerk
Stößt die Tinte mit der Pfote
Um dass nichts zu lesen ist:
Mascha kann durch alle Türen

Und wenn Posten davor stehen
Kneift sie ihre Augen zu
Steuert mit dem Sichelschwanz
Sicher durch die schwarzen Stiefel

Zeigt das Glockenspiel den Tag an
Führt ihr Weg zur Bibliothek
Sie verkneift ein spitzes Niesen
Sitzt auf ihrem Lieblingsbuch

Und erinnert sich der Zeiten
Wie der eignen Pfotenspuren
Als ihr Herr sie leis vermahnte
Und ein neues Blatt anfing

Sarah Kirsch

An eine Katze

Mein edler Freund, ich bitte sehr:
Komm doch her,
sitz neben mir und schau mich dann
mit deinen lieben Augen an,
mit Augen voller Glanz und Gold;
dein Blick, so ist er treu und hold.

Dein wundervolles weiches Fell,
schwarz und hell,
so seidig, üppig, voller Pracht,
wie Wolkenhimmel in der Nacht
belohnt die Hand, die dich liebkost,
mit freundlicherem Glück und Trost.

Die Hunde freunden gerne sich an
mit jedermann.
Doch du, von lauterer Natur,
liebst deine wahren Freunde nur,
berührst mit deiner Pfote mich –
ja, Lieber, ich verstehe dich.

Was geht wohl vor in deinem Geist –
ach, wer weiß?
Wenig nur ist uns bekannt.
Trotz unsrem Freundschaftsband.
Vielleicht ist's dem Menschen
nur vergönnt,
dass er das Leben besser kennt.

Algernon Charles Swinburne

Die Katze ist das einzige vierbeinige Tier,
das den Menschen eingeredet hat,
er müsse es erhalten,
es brauche aber nichts dafür zu tun.

Kurt Tucholsky

Der Mensch ist weder Fisch noch Fleisch,
Schlangen hätten gerne Flügel,
und Hunde sind Möchtegern-Löwen.
Aber Katzen wollen nichts
anderes sein als Katzen,
und jede ist von den Schnurrhaaren
bis zum Schwanz
eine echte Katze.

Pablo Neruda

Katzen gehen nicht
irgendwo hin spazieren,
sie gehen auf Entdeckungsreise.

Sidney Denham

Katzen erreichen mühelos,
was uns Menschen versagt bleibt:
durchs Leben zu gehen,
ohne Lärm zu machen.

Ernest Hemingway

Gott schuf die Katze,
damit der Mensch einen Tiger
zum Streicheln hat.

Victor Hugo

Man kann, wenn man sich bemüht,
möglicherweise in einen sehr kleinen Teil der Katzenwelt vordringen.
Die Welt einer jungen Katze aber ist so gut wie unzugänglich,
und man muss sich meist mit der Rolle des Zuschauers begnügen.
Sofern man nicht mit völliger Humorlosigkeit geschlagen ist, dürfte
man dabei durchaus auf seine Kosten kommen.

Philip Brown

Das Leben und dazu eine Katze, das gibt eine unglaubliche Summe.

Rainer Maria Rilke

Katzen sind die rücksichtsvollsten
und aufmerksamsten Gesellschafter,
die man sich wünschen kann.

Pablo Picasso

Katzen auf der Wiese müssen nass werden,
damit Ohren und Schwanz jung bleiben.

Paolo de Benedetti

Zwei Katzen
sind besser
als ein Bär.

Albanisches
Sprichwort

Oft denke ich, viel mehr Leute sollten Katzen haben. Sie würden von ihnen eine Menge über den Umgang mit Menschen lernen.

Barbara Rütting

Ich glaube, Katzen sind Geister, die auf die Erde zurückgekommen sind. Ich bin sicher, dass eine Katze auf einer Wolke gehen kann.

Jules Verne

Im Traum gleicht sie einer edlen riesigen Sphinx, die sich ihrer Einsamkeit hingibt.

Charles Baudelaire

In ihrem Reich ist
die Katze König und
ich bin ihr Knecht.

Mildred R. Howland

Es gibt keine gewöhnlichen Katzen.

Colette

Aus Katzensicht gehört von A bis Z alles den Katzen.

Unbekannter Verfasser

O kleiner Kaiser ohne Reich,
Eroberer ohne Heimatland,
kleiner Wohnzimmer-Tiger:
Man sagt, man spüre einen Hauch Liebe in der Luft,
wenn du vorbei kommst
und graziös mit deinen vier flinken Pfoten
den Boden berührst.
Die Berührung von Liebe in der Luft,
wenn du vorbeigehst,
voller Balance,
und alles Irdische misstrauisch beschnüffelst,
weil alles zu schmutzig erscheint
für die tadellosen Pfoten einer Katze.

Pablo Neruda

Das einzig Rätselhafte an der Katze ist,
warum sie sich je dazu entschieden hat,
ein Haustier zu werden.

Sir Compton Mackenzie

Katzen sind klüger
als Hunde.
Sie können acht
Katzen nicht dazu
bringen, einen
Schlitten durch den
Schnee zu ziehen.

Jeff Valdez

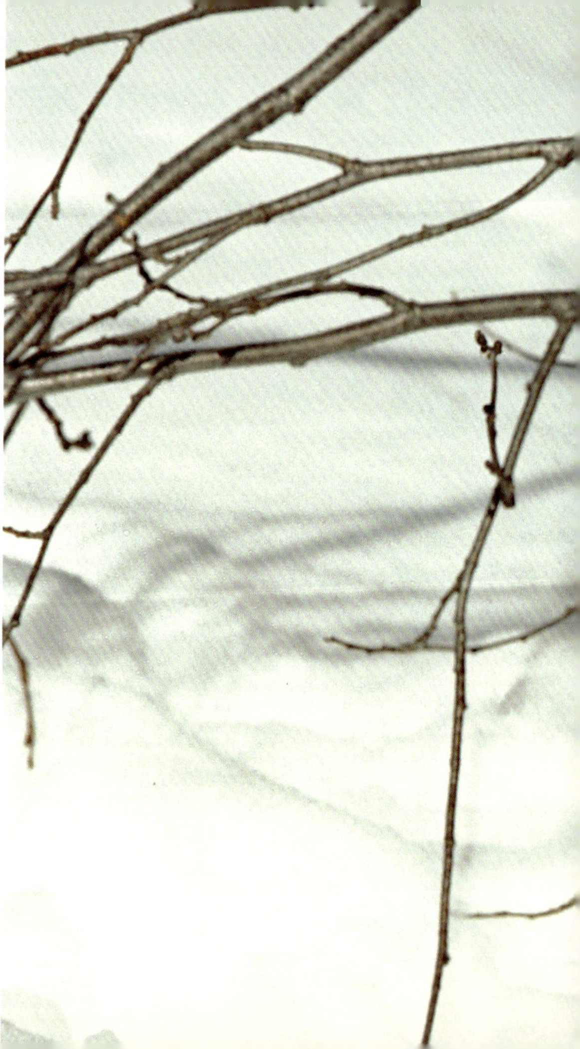

Hunde glauben, sie
seien ein Mensch.
Katzen glauben, sie
seien Gott.

Unbekannter Verfasser

Katzen sind offensichtlich grundsätzlich der Meinung, es könne nicht schaden, laut und deutlich zu sagen, was man haben will.

Joseph Wood Krutch

Alles was sich
bewegt, interessiert
und erfreut eine
Katze. Sie glaubt,
dass die Natur einzig
und allein für sie
existiert.
Sie kann sich nicht
vorstellen, dass es
irgend einen anderen
Grund haben könnte.

F.A. Paradis de Moncrif

Das beste Training
für eine Katze ist
eine andere Katze.

Jo Paul Loeb

Wenn ein Fisch die Bewegung des
Wassers verkörpert, ihr Form verleiht,
dann ist die Katze Diagramm und Muster
der so viel feineren Luft.

Doris Lessing

Könnte man den Menschen mit der Katze kreuzen, würde man damit zweifellos den Menschen verbessern, aber die Katze verschlechtern.

Mark Twain

Besitzer einer Katze zu sein ist so ähnlich wie ein amerikanischer Tourist in einem noblen französischen Restaurant: er wird abgezockt, wahrscheinlich beleidigt – aber das ist es ihm wert.

Roger Carras

Sommerregen:
für die heuchlerische
Katze ein endloser
Spaß.

Basho

Du musst nur die Laufrichtung ändern,
sagte die Katze zur Maus und fraß sie.

Franz Kafka

Ich nannte meine Katze »William«, weil kein anderer Name der Würde ihres Charakters entsprochen hätte.

Josh Billings

Ich habe nie geheiratet, weil ich drei Haustiere zu Hause habe,
die den gleichen Zweck erfüllen wie ein Ehemann:
Ich habe einen Hund, der jeden Morgen knurrt,
einen Papagei, der den ganzen Nachmittag flucht
und eine Katze, die spät in der Nacht nach Hause kommt.

Marie Corelli

Meine Katze geht lang
nicht so respektvoll
mit mir um wie
ich mit ihr.

Colette

Wer psychologische
Romane verfassen
will, hält sich am
besten zwei Katzen.

Aldous Huxley

Die Katze wird beschrieben als das perfekteste Tier, ein Beispiel muskulöser Perfektion und das beste Beispiel für die Koordination von Verstand und Muskeln.

R. Ambrose-Brown

Ein Hund ist Prosa,
eine Katze Poesie.

LIFE, Zeitschrift

Neugier ist die beste Grundlage des Lernens,
und wenn erzählt wird,
dass diese Neugier tödlich sein kann,
dann stirbt die Katze einen noblen Tod.

Arnold Edinborough

Katzenaugen

In den dunklen Ecken der Nacht, kleine, bewegliche und schnelle Lichter, sie glühen auf, bleiben und verschwinden. Der Mond spiegelt sich darin und vervielfältigt sich in tausend Paletten, Fragmente eines bunten Spiegels, offen für Licht und Geheimnis. Nächtliche Geister jagen und, wie es Geister so machen, streifen durch eine blinde und schläfrige Welt, die unfähig ist, etwas zu erkennen, das nicht vom Tageslicht beschienen wird.

Das Wunder der Nacht ist das Theater eines neuen Lebens, ausschließlich für jene, die fähig sind, die himmlischen Wesen im Wind, im Gras und im Wasser zu erkennen, mit ihnen zu tanzen, ihre Form anzunehmen, ihnen folgen, vorgeben zu schlummern, um sie dann zu fangen und nach Hause zu bringen und dort stolz ihre Jagdbeute präsentieren.

Man fragt sich, ob der Mensch in der Lage ist, diese wunderbare Beute richtig zu schätzen, wenn er am Morgen aus der Haustür kommt und versehentlich blindlings darauf tritt.

Egal, nicht so wichtig: die nächste Nacht kommt gewiss und einmal mehr wird der Mond bei einer neuen Jagd Gesellschaft leisten.

Dunkelheit macht die Katze frech, kühn, verleiht ihr Flügel und stärkt ihr Selbstbewusstsein.

Ihr Schatten wird im Mondlicht zur Halluzination: ein verzauberndes Profil, feurige Augen, ein kaum wahrnehmbarer Gang und pantherartige Bewegungen. Sie ist die Königin der Nacht und alle wissen es. Feen und Hexen haben ihre Zaubersprüche vergessen, sie ziehen sich zurück, um ihre nächtlichen Spiele zu beobachten. Sie bewundern und umwerben sie und konkurrieren um ihre Gunst wie hysterische Fans bei einem Rock-Konzert. Sie offerieren ihr die

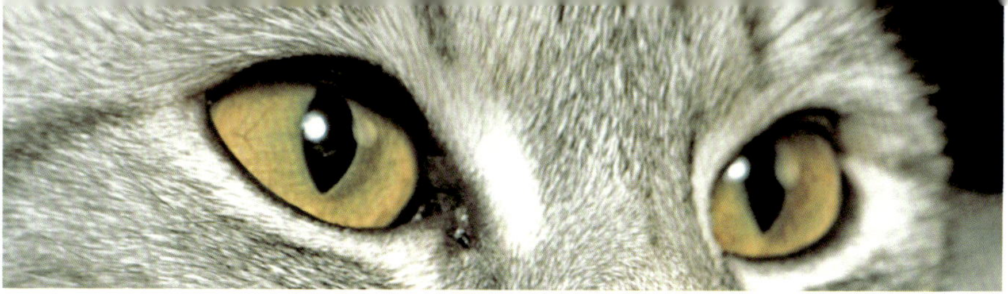

Macht über das Wetter, die Menschen, prophetische Mächte, einzig und allein für einen kleinen Blick ihrer Augen.
Und sie, die wissende Sphinx, die faszinierende Spionin mit goldenen Augen, nimmt die Angebote zum Zeitvertreib gerne an. Sie umgarnt jeden einzelnen mit ihrem Charme.
Sie übernimmt die Geheimnisse ihrer magischen Künste und verlässt sie dann, ohne ihnen etwas dafür zurückzugeben. Arme Teufel!
Und auch der nächste Zauberer wird zum nächtlichen Opfer des verführerischen Charmes der Katze. Dieser wird später enttäuscht in seinen Unterschlupf zurückkehren und verärgert und wehmütig an die Augen dieser rätselhaften Verführerin denken.
Und so marschiert die verzaubernde Katze Nacht für Nacht, mit immer mehr Macht, von bewundernden und neidvollen Blicken umgeben, wie eine Lebenskünstlerin auf der Suche nach Abenteuern, Beute und neuen Verführungen.
Am Morgen kommt sie dann zurück, fällt mit schweren Augen erschöpft in einen Halbschlaf, müde von der anstrengenden Kunst der Zauberei, scheinbar schutzlos, eingerollt und zerbrechlich, wie sie Jahre zuvor aus dem Wochenbett ihrer Mutter kam.
Die Menschen ahnen nichts; sie werden weiterhin aus Versehen auf die Jagdbeute treten, sie im Schlaf beobachten und ihre Erschöpfung mit Faulheit verwechseln.

Sie werden weiterhin an ihre Ernsthaftigkeit glauben, an ihre moralische Integrität, und zudem noch annehmen, sie sei ein Haustier. Nur ganz selten erhaschen sie einen Blick aus den goldenen, bernsteinfarbenen oder azurblauen Zauberaugen.

Und in diesem Moment, in diesem stolzen und festen Blick, kann der Mensch vielleicht einen kurzen Augenblick lang die Zeichen des nicht Bewussten erfassen, ohne je den Beweis für diese grenzenlose und wunderbare innere Welt zu finden.

Manchmal sitzt sie dir zu Füßen und sieht dich so sanft und zärtlich an, dass die Tiefe ihres Blickes dich betroffen macht. Wer mag glauben, dass hinter diesen leuchtenden Augen keine Seele sei?

Théophile Gautier

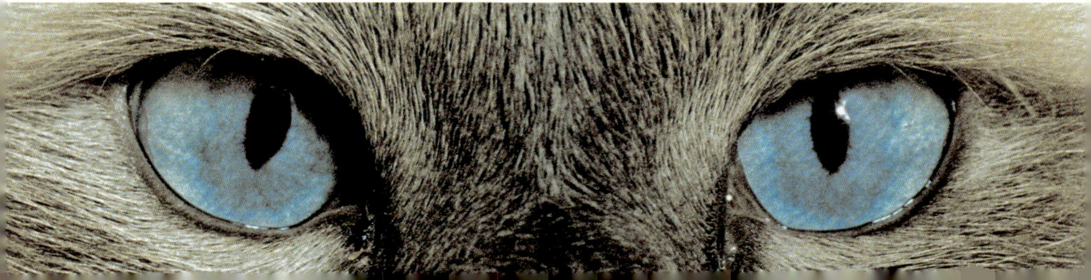

Die Katze

Katze, auf schwellenden Pfoten
kamst du durchs Gitter der Nacht.
Das Geheimnis der Toten
hast du uns nahegebracht.

In deiner Augenlider
lockendem Irrlichterkreis
suche ich wieder und wieder
meines Daseins Beweis.

In deinem grünlichen Felle
bade ich meine Hand
und fühle, wie stark uns die Welle
gleichen Blutes verband.

In den entsunkenen Städten
Ninive, Babylon,
konnte ich zu dir beten,
Herrin auf schwarzem Thron.

Jetzt darf dich keiner beschwören,
glitzerndes Rätselgesicht.
Seit wir die Tempel zerstören,
hat das Gebet kein Gewicht.

Da wir die Siegel erbrachen
am apokalyptischen Buch,
müssen die Götter erwachen
zu tödlichem Hausfriedensbruch.

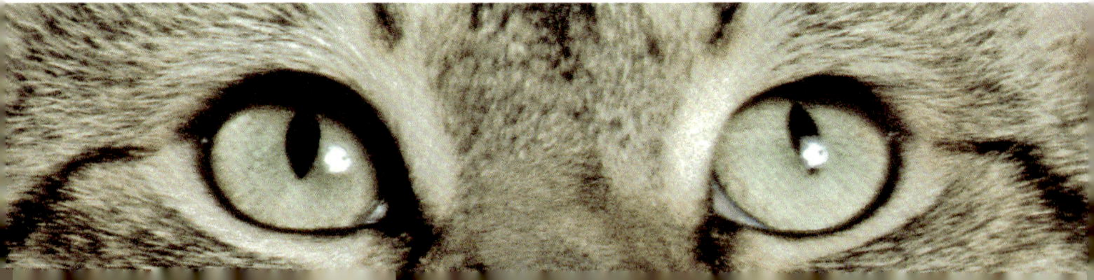

Es glost in den Zimmerecken,
Flamme und Flammenstrich,
doch sehen wir hin, entdecken
wir nur eine Katze – dich.

Die auf den leisesten Pfoten
eindrang durchs Gitter der Nacht
und das Geheimnis der Toten
den Schlaflosen überbracht.

Erst wenn der Morgen wieder
nah ist mit silbernem Weiß,
erlischt deiner Augenlider
prüfender Irrlichterkreis.

Kurt Klinger

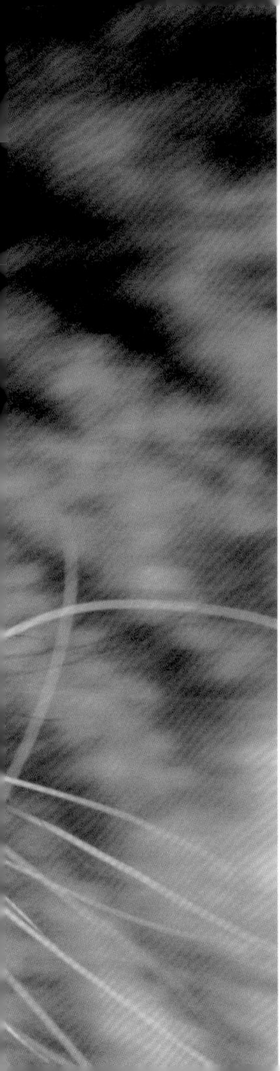

Respekt vor Katzen ist der Anfang
jeglichen Sinnes für Ästhetik.

Erasmus Darwin

Wenn grüne
Katzenaugen dich
ansehen, kannst du
sicher sein, dass
alles, was dir diese
Blicke sagen, wahr ist.

Lillian Moore

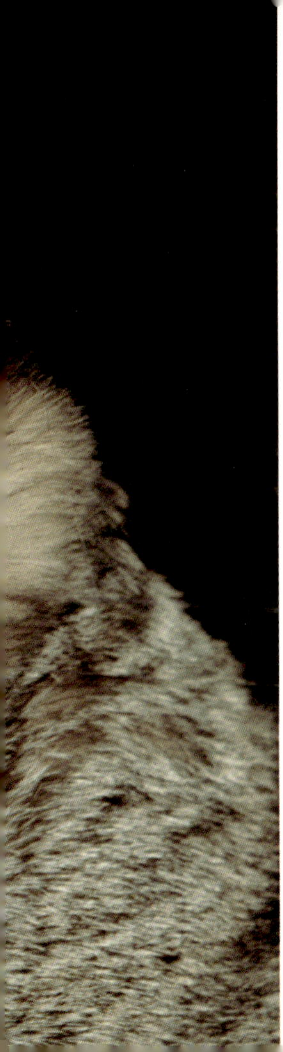

Mein edler Freund, ich bitte sehr:
Komm doch her, sitz neben mir
und schau mich dann
mit deinen lieben Augen an,
mit Augen voller Glanz und Gold,
dein Blick, er ist so treu und hold.

Algernon Charles Swinburne

Rätsel unzähliger Gesichter, vulkanisches Feuer, kühle Ferne und weiche Hügel Unbegreiflichkeit ... Katzen sind aus einer Prise Wüstensand erweckt.

Sybille Seidel

Die Katze wurde immer mit dem Mond in Verbindung gebracht. Wie der Mond kommt sie bei Nacht zur Welt, entkommt nachts der Menschheit und spaziert über die Dächer mit Augen, die durch die Dunkelheit strahlen.

Patricia Dale-Green

Die einzige Beanstandung bei der
großen Mehrheit von Katzen
ist ihre unerträgliche Überlegenheit.

Pelham G. Wodehouse

Die gelben Augen der Katze
sind der Münzeinwurf für das Eintrittsgeld in
die Nacht.

Pablo Neruda

Unter all den Geschöpfen dieser Erde gibt es nur eines, das sich keiner Versklavung unterwerfen lässt. Dieses eine ist die Katze.

Mark Twain

In ihren Augen wohnt
die Magie.

Arthur Symon

Die Katze verhandelt
nicht mit der Maus.

Robert K. Massie

Warum können Katzen wunde Seelen heilen?
Ganz einfach: Sie haben keinerlei Vorurteile, unterliegen keinem Schönheitsideal. Ihnen ist es gleichgültig, ob wir hübsch oder hässlich, mager oder fett, nach neuestem Trend oder secondhand gekleidet sind. Sie messen uns nicht an beruflichen Erfolgen, kennen keine IQ-Unterschiede, arm oder reich – egal!
Ihnen genügen wir genauso, wie wir sind. Das haben sie jedem Menschen voraus.

Unbekannter Verfasser

Die Katze hat sich vorgenommen,
dem Menschen ein Rätsel zu bleiben.

Eugen Skasa-Weiss

Wo immer sich eine Katze niederlässt,
wird sich das Glück einfinden.

Stanley Spencer

Siehst du die junge Katze dort,
die so possierlich nach ihrem Schwanz hascht?
Könntest du mit ihren Augen sehen,
würdest du um sie herum
Hunderte von Gestalten erblicken,
die verwickelte Tragödien und Komödien
mit langen Gesprächen, vielen Mitwirkenden und zahlreichen
überraschenden Schicksalswendungen aufführen.

Ralph Waldo Emerson

Eine Katze ist nur technisch ein Tier, ansonsten ist sie göttlich.

Robert Lynd

Katzen sind die
rücksichtsvollsten
und aufmerksamsten
Gesellschafter, die
man sich nur
wünschen kann.

Pablo Picasso

Wie kann man nur
glauben, dass sich
hinter diesen
leuchtenden Augen
keine Seele verbirgt.

Théophile Gautier

Kätzchen sind naiv, weich und lieb – und mit spitzen Nadeln in ihrem Kiefer und an ihren Pfoten ausgerüstet.

Pam Brown

Eine Katze ist emotional absolut ehrlich. Menschen verstecken – aus welchen Gründen auch immer – ihre Gefühle. Eine Katze macht das nicht.

Ernest Hemingway

Die Schwierigkeit mit Katzen ist, dass sie kein Taktgefühl haben.

Pelham G. Wodehouse

Katzen sehen immer so weise aus, wenn sie uns mit halb geöffneten Augen betrachten. Denken sie vielleicht: »Wenn ich freundlich bin, werde ich vielleicht zweimal gefüttert?«

Bette Midler

Wer die Katzen erfunden hat, kann ruhig alles andere falsch machen.

Mario Migliaccio

Der Himmel ist in ihren Augen, die
Hölle ist in ihren Herzen.

Honoré de Balzac

Es war keine graue Katze, sondern eher eine schwarze,
die auf uns zukam,
mit weißen Pfoten und einem schneeweißen Latz ...
Auf einem Pappschildchen stand säuberlich vermerkt:
Hauskatze.

Günter Grass

Jemand sagte einmal, dass ein Hund aufblickt zu einem Mensch als seinem Herrn, ein Pferd den Mensch als gleichwertig betrachtet und dass eine Katze auf den Mensch herabblickt.

Sir Compton Mackenzie

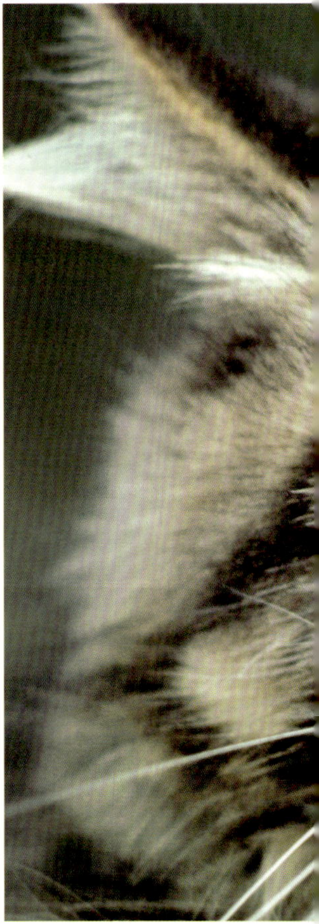

Die Natur zeigt sich in den Augen einer Katze.

Irisches Sprichwort

In dieser Zeit der Spannungen kann der Mensch sich entspannen lernen, indem er die Katze beobachtet, die sich, wenn es Zeit zum Ausruhen ist, nicht einfach hinlegt, sondern den ganzen Körper zu Boden fließen lässt und sich mit jedem Nerv, mit jedem Muskel der Ruhe hingibt.

Murray Robinson

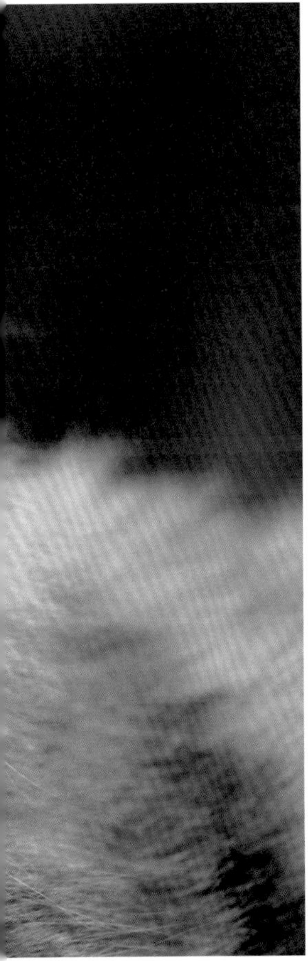

Menschen werden von Katzen angezogen,
weil sie alles sind, was wir nicht sind:
unabhängig, bei allem, was sie machen,
graziös, entspannt, selbstsicher,
erfreut über Gesellschaft;
doch dazu haben sie noch ein geheimes Leben.

Pam Brown

In diesem Schicksal vertraue ich dir,
meine schöne Katze mit heiligen Augen;
mit scheint, dass ich Sterne vor mir sehe
und mitten im Sturm
den Nordwind finde.

Torquato Tasso

Eine Katze kann das Heimkommen in ein leeres Haus in ein »Nach-Hause-Kommen« verwandeln.

Pam Brown

Wenige Tiere haben die Fähigkeit, ihre Stimmung auf so deutliche Weise zu zeigen, wie das eine Katze kann.

Konrad Lorenz

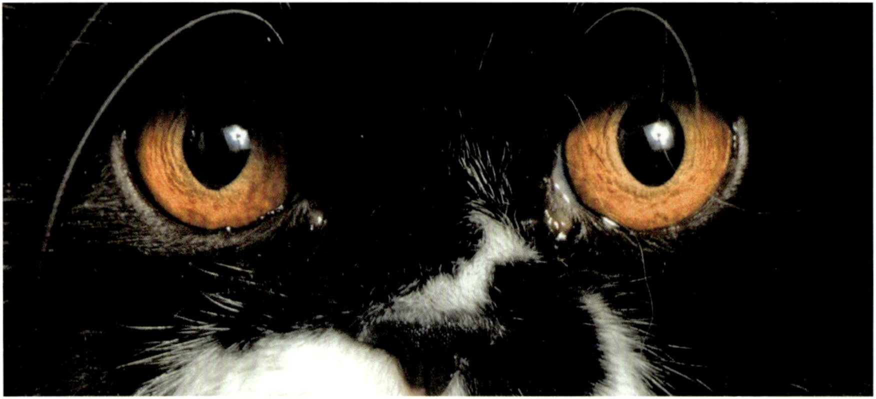

Katzen verzaubern mit Blicken. Wenn mich meine Katze anschaut, sehe ich ihre Augensterne leuchten und funkeln.
Ich empfinde etwas, das mich bewegt und auf die Probe stellt.
Wer sie kennt, liebt sie und achtet sie.

Anais Haupt

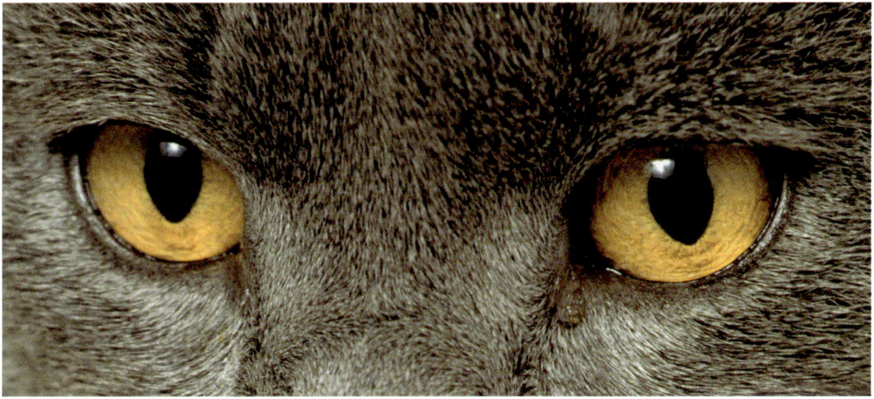

Warum das Leben, das uns allen schließlich nur einmal geschenkt wird, nicht mit einer Katze verbringen?

Robert Stearns

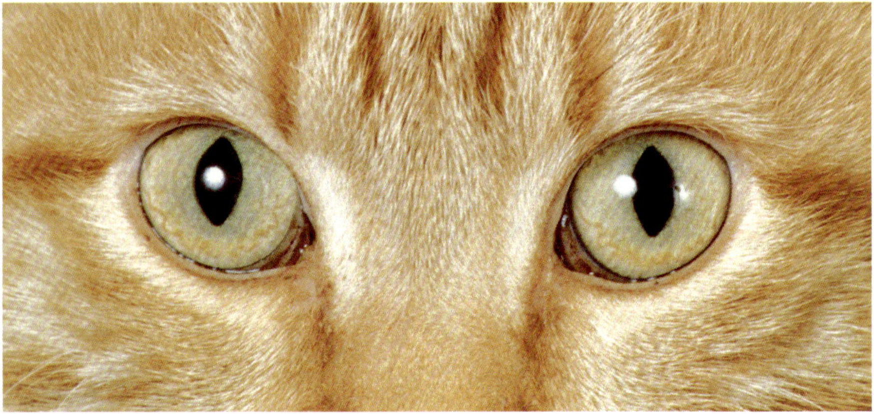

Manchmal sitzt er zu deinen Füßen und schaut dich an, mit einem Blick so schmeichelnd und zart, dass man überrascht ist über die Tiefe seines Ausdrucks. Wer kann nur glauben, dass hinter solchen strahlenden Augen keine Seele wohnt!

Théophile Gautier

Eine schlafende Katze ist stets hellwach.

Lloyd Alexander

Die Eroberung der Welt

»Die Katze nicht aus dem Sack lassen« rät ein Sprichwort, weil es nur eine Sache von Sekunden ist, dass sie in den Zweigen der Bäume in Ihrem Garten verschwindet oder irgendwo hochklettert oder in den teuren Vorhängen Ihres Wohnzimmers hängt und ihre rasiermesserscharfen Krallen dort hineingräbt. Katzen sind unerschrockene Kletterer in schwindelnden Höhen, kühne Athleten und die geborenen Akrobaten, Zirkusclowns und Amateur-Stuntmen. Sie sind Experten in Bezug auf Gleichgewicht und Sprungkraft, Meister, die keine Schulung brauchen.

Und eine Katze, die nicht klettern kann, nicht aus schwindelnden Höhen sicher auf ihren vier Pfoten landet oder auf den steilsten Dächern spazieren geht, wäre der Bezeichnung »Katze« nicht würdig. Eine Katze mit Höhenangst wäre ein unauslöschlicher Schandfleck für die Ehre der Katzenfamilie. An einem Baum hochzuklettern ist ein soziales Ritual, ein populärer Sport für Katzen, und selbst übergewichtige Exemplare können es nicht lassen. Es ist nicht schlimm, wenn der Moppel abrutscht und herunterfällt, das ist nicht ehrrührig oder inakzeptabel für seinesgleichen. Aber wenn er erfolgreich ist, dann kann er weiter futtern und muss nicht am Hungertuch nagen und über Abnehmen nachdenken.

Beweglichkeit, Lebhaftigkeit, Behändigkeit, Elastizität und Sprungkraft sind die grundsätzlichen Eigenschaften einer Katze. Sie sind Basis für den starken Konkurrenzkampf und die Vorausetzung, eine dominierende Stellung einzunehmen, vom einfachen Kletterer zum Meisterkletterer zu werden.

Eine ehrgeizige Katze macht sehr viel, um diesen Lebenstraum zu erfüllen: in dem sie die Welt aus den schwindeligen Höhen eines Baumes oder Daches überblicken kann, wird sie Herrscherin ihres eigenen Horizonts und kann diese

Privilegien genießen, die anderen Lebewesen verwehrt bleiben.
Dies ist der Moment der boshaften Rache gegen den »plumpen Clown und Schmeichler« Hund und jene naiven Menschen, die schwerfällig und ungelenkig sind und deshalb Sportstudios oder ähnliches besuchen müssen, da sie nicht in der Lage sind, ihre »Pfoten« so zu koordinieren, wie es die Katze kann. Nicht zu vergessen die enorme Leichtigkeit einer Katze, mit der sie einen Vogel fängt – als müsste sie nur die Pfote danach ausstrecken ...
Das macht aus der Jagd einen angenehmen Zeitvertreib, hinter dem sich eine enorme Macht verbirgt.
Sie springt unbemerkt auf einen Hund und jagt ihm einen gehörigen Schrecken ein, sie beobachtet aus der Ferne vom Dach oder Baum aus eine Maus, die ihr Loch verlässt und in jede Ecke rennt, sie sieht Nistplätze, Vogelnester – ein Gefühl

reiner Allmacht! Und dann, wenn man es am wenigsten erwartet, wird sie von einer leichten Müdigkeit erfasst und legt einen kleinen Mittagsschlaf ein – auf dem Dach der Welt! Und wenn sie erwacht, ist noch alles beim alten, die Beute wartet immer noch, gejagt zu werden und sie hat alle Zeit der Welt für ihren Zeitvertreib.

Die Katzen von Rom

Die Schatten der Katzen
leben noch immer –

Die aus den Slums der Antike
aus den Palästen:

Die Sklavenkatzen
die Mörderkatzen
die Schattenkatzen des Hungers
der Angst und der Gier

Kauernde
schleichende
springende
kratzende Katzen –

Geh in das Forum
geh ins Teatro Marcello oder zur
Engelsburg –
überall diesseits und jenseits des Tiber
wo es nach Altertum
und nach Touristen riecht
wirst du sie sehn

Sie werden auch uns überleben
die Katzen von Rom –
wie sie Neros Wut überlebten
den Sturm der Barbaren
das irre Gemetzel der schwarzen
Jahrhunderte –

Uns
diese Gegenwart
(Todesgeflimmer am Fernsehschirm –
Rauschgift Raketen und Öl)
diesen Krimi von heute –
den Hunger die Angst und die Hoffnung

Die Katzen sind zäh –
sieben Leben – sagt man –
haben die Katzen
Ich glaube sie leben noch länger

Sie leben von Schatten zu Schatten
hindurch und hinüber
Zum anderen Ausgang der Zeit

Alois Hergouth

Die Sphinx

Die Sphinx in einer Zimmerecke wacht,
schon länger, als ich denken kann,
die schöne Sphinx und schweigt mich an
im Wechselspiel von Tag und Nacht.

Mein träger Liebling, komm heran,
und leg den Kopf mir in den Schoß,
damit ich dir den Nacken kos'
und deinen Samtleib streicheln kann.

Oscar Wilde

Die Katze und der Mond

Die Katze streifte weit umher. Und der Mond drehte sich wie ein Kreisel.
Und die beste Vertraute des Mondes, die schleichende Katze, blickte empor.

Die schwarze Minnaloushe starrte an den Mond, denn wo sie auch ging und klagte –
das reine, klare Himmelslicht trübte ihr tierisches Blut.

Minnaloushe läuft durch das Gras. Und hebt die zierliche Pfote.
Willst du tanzen, Minnaloushe?
Wenn zwei Vertraute sich begegnen, was ist dann besser als ein Tanz?
Vielleicht erlernt der Mond, des alten Kreislaufs müde, einen neuen Reigenschritt.

Minnaloushe kriecht durch das Gras, im Mondlicht hin und her.
Der heil'ge Mond dort über ihr, tritt in eine neue Phase ein.

Weiß Minnaloushe, dass ihre Pupillen sich gleichfalls ständig wandeln?
Dass sie vom Halb- zum Vollmond werden, und wieder vom vollen Mond zum halben?

Minnaloushe schleicht durch das Gras, alleine, würdevoll und weise.
Und erhebt zum wandelbaren Mond
ihre wandelbaren Augen.

William Butler Yeats

Katzen muss nicht
gezeigt werden, wie
sie sich die Zeit
vertreiben können,
sie verfügen über
einen unendlichen
Einfallsreichtum.

James Mason

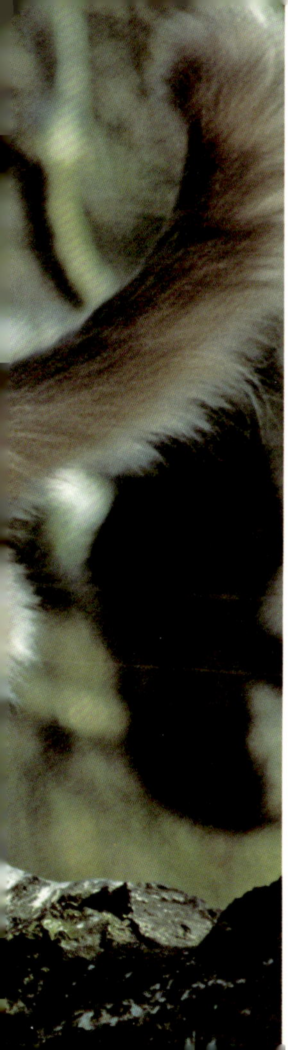

Von allen Haustieren hat die Katze die
ausdrucksvollste Körpersprache.
Ihr Gesicht kann unzählige
Emotionen widerspiegeln.
Ihr Schwanz signalisiert ihren Verstand
und ihre Anmut wird nur von ihrer
Behändigkeit übertroffen.

Walter Chandoha

Jede Katze, der es misslungen ist, eine Maus zu erwischen, gibt vor, sie wäre nach einem welken Blatt gesprungen.

Charlotte Gray

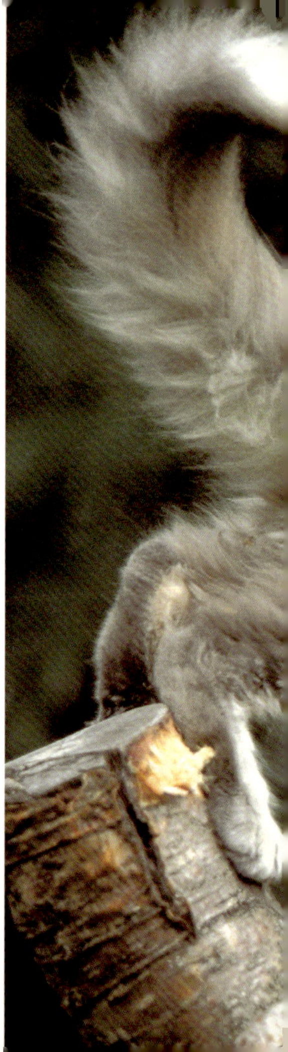

Ob eine schwarze Katze
Unglück bringt oder nicht,
hängt davon ab, ob man ein
Mensch ist oder eine Maus.

Max O'Rell

Sogar die dümmste
Katze scheint mehr
zu wissen –
mehr als irgend ein
Hund.

Eleanor Clark

Der Grund, warum Katzen hochklettern, ist der, dass sie auf fast alle anderen Tiere herabsehen können und das ist auch der Grund, warum sie Vögel hassen.

K.C. Buffington

Was Katzen sich unter Bequemlichkeit vorstellen, ist für den Mensch absolut unvorstellbar.

Colette

Stolz, Beweglichkeit,
Grazie.
Diese drei Begriffe
können nur eines
beschreiben:
eine Katze.

Jeff Corwin

Katzen vertrauen niemandem;
sie finden sich vielleicht mit Schlägen ab,
Schaudern durchfährt ihren Körper ...
Niemand kann eine Katze dressieren,
sie weiß selbst, was am besten für sie ist,
und tut nichts irgendjemand zuliebe.

Vittorio G. Rossi

Die Katze springt nicht durch Reifen und denkt nicht im Traume daran, uns zu Gefallen auf den Hinterbeinen herumzustelzen.

Erich Kästner

... dann die wunderbare Gabe, durch das einzige Wörtchen »Miau« Freude, Schmerz, Wonne und Entzücken, Angst und Verzweiflung, kurz alle Empfindungen und Leidenschaften auszudrücken. Was ist die Sprache der Menschen gegen dieses einfachste aller einfachen Mittel, sich verständlich zu machen!

Ernst Theodor Amadeus Hoffman

Ich liebe die Katzen, weil ich mein Zuhause genieße und sie im Lauf der Zeit dessen sichtbare Seele werden.

Jean Cocteau

Die Katze leitete den Umschulungsausschuss
und war dort einige Tage sehr aktiv.
An einem Tag wurde sie auf einem Dach sitzend gesehen;
sie unterhielt sich mit einigen Sperlingen,
die gerade in ihrer Nähe waren.
Sie erzählte ihnen, dass nun alle Tiere Freunde seien,
und dass jeder Sperling zu ihr kommen
und sich auf ihre Pfote setzen könne;
aber die Sperlinge blieben in sicherer Entfernung.

George Orwell

Eine wunderbare,
magische
Bewegung,
zum Leben erweckte
Luft.

Jean Baudrillard

Katzen lieben Menschen viel mehr als sie zugeben wollen, aber sie besitzen soviel Weisheit, dass sie es für sich behalten.

Mary E. Wilkins Freeman

Wirklich großartig ist, dass es Katzen in allen Varianten gibt.
Man findet sie passend zu jeder Einrichtung, jedem Einkommen,
jeder Art der Persönlichkeit und der Laune.
Aber unter dem Pelz lebt unverändert
eine der freiesten Seelen der Welt.

Eric Gurney

Wenn man sich mit der Katze einlässt, riskiert man lediglich, bereichert zu werden.

Colette

Katzen lieben
Fisch,
aber hassen es,
nasse Pfoten zu
bekommen.

Chinesisches
Sprichwort

Wenn ein Butterbrot immer mit der
Butterseite nach unten fällt
und eine Katze immer auf ihren Füßen
landet,
was passiert, wenn Sie ein Butterbrot auf
den Rücken der Katze schnallen
und sie runterspringen lassen?

Steven Wright

Kätzchen, Kätzchen überall
Kätzchen, die an meinen Haaren kauen,
Kätzchen, die an meinen Jeans hochklettern,
Kätzchen, die vor dem Bildschirm liegen,
Kätzchen, die auf meine Schulter springen –
werden sie das auch noch machen, wenn sie älter sind?

William Wordsworth

Burro

Katzen wissen immer,
ob jemand sie mag oder nicht.
Aber meistens machen sie sich darüber
überhaupt keine Gedanken.

Winifred Carriere

Kleine Katzen

Kleine Katzen sind so drollig
Und so wollig und so mollig,
Dass man sie am liebsten küsst.
Aber auch die kleinen Katzen
Haben Tatzen, welche kratzen.
Also Vorsicht! Dass ihr's wisst!

Kleine Katzen wollen tollen
Und die Wolleknäuel rollen.
Das sieht sehr possierlich aus.
Doch die kleinen Katzen wollen
Bei dem Tollen und dem Rollen
Fangen lernen eine Maus.

Kleine Katzen sind so niedlich
Und so friedlich und gemütlich.
Aber schaut sie richtig an:
Jedes Sätzchen auf den Tätzchen
Hilft, dass aus dem süßen Kätzchen
Mal ein Raubtier werden kann.

James Krüss

Katzenkinder

Nach harten Tagen, Wochen und Monaten, die die schwierige und schwere Last einer Trächtigkeit nach sich zieht, beschließt die Katze eines Tages, dass die Zeit gekommen ist und sucht sich ihr »Wochenbett«. Sie ist der Pfunde, die sie zugelegt hat, überdrüssig, und beginnt deshalb, das Haus zu inspizieren und vorsichtig auch die entlegensten Ecken zu begutachten.
Sie läuft mit äußerster Konzentration herum; um nicht aufzufallen, schnurrt sie, während sie in den Ecken, in der Speisekammer und den Schränken herumstöbert. Auch der Wäschekorb und die beiden Pullover, die in der Werkstatt liegen, werden begutachtet.
Eine schwierige Auswahl! Und dann wird sie von diesen kaltherzigen Menschen entdeckt und erbarmungslos an einen viel zu kalten Ort verfrachtet.
Vielleicht ärgert sie auch noch der dumme Hund, aber dann ... um die Wahrheit zu sagen, der dicke Bauch, den sie mit sich herumträgt, ist ein untrügliches Hindernis, sich weiterhin zu verstecken.
Wieder einmal muss sie sich – trotz mehrerer Mutterschaften – auf dem Heuboden verkriechen.
Dann ist sie einige Tage verschwunden und niemand weiß, wo sie ist, bis ein winziges und zitterndes Fellknäuel vorsichtig über den Heubodenrand äugt. Ist es eine Katze oder eine Maus?
Ein großes Köpfchen und ein Babybauch, kleine zitternde Pfötchen und halb geschlossene Augen – das kleine Ding beobachtet vorsichtig die Welt von seinem Ausguck aus.
Die Katzenmutter kommt fürsorglich herbei. Tagelang hat sie sich besorgt Gedanken über das seltsame Aussehen ihrer Kätzchen gemacht: kurzes, dünnes Schwänzchen, ein schmales Gesicht, winzige Ohren und kohlschwarze Augen – um diese merkwürdigen Exemplare muss sie sich kümmern. Welche

Schande, welch echter Horror! Mäuse anstatt Katzenkinder!
Sie stellt sich schon das schreckliche Leben im Exil vor, weit weg von der zivilisierten Katzenwelt. Vielleicht gibt es aber Hoffnung ...
Das Kätzchen, das anfangs so anders aussah als sie, zeigt einen Instinkt, der nur mit Neugier umschrieben werden kann. Es ist neugierig, richtig neugierig; und dann kann es nichts anderes sein als eine Katze! Welch Glück, welche Freude: das Kind ist eine Katze! Und auch seine Geschwister sind Katzen. Es ist egal, ob sie tollkühn sind, ihre Krallen zu kurz sind oder dass sie nur kleine Sprünge machen; wichtig ist allein ihre Katzen-Natur. Und nach einigen Tagen besorgten Bangens kehrt Sicherheit ein.
Was zu Beginn wie eine seltsame Mischung aus Katze und Maus aussah, ein merkwürdiger Kokon bei seiner Geburt, wird langsam zum ganzen Stolz der Mutter, eine Miniaturausgabe von Löwe, Leopard und Panther und ein viel versprechendes Mitglied der Dynastie, die über Haus und Hof herrscht.
Die Verwandlung ist im Gange und von

überall hört man Stimmen, die die prächtigen Kätzchen bewundern. Jeder kommt, um sie anzusehen und sogar dieser Vater ohne jeglichen Familiensinn, von dem bisher nichts zu sehen und zu hören war, erscheint, um seine Vaterschaft zu bestätigen.
Nicht sehr lang danach wird das Wochenbett auf dem Heuboden zu unkomfortabel, die Kinder sind immerzu auf Tour und wollen nun neue Erfahrungen machen und die große weite Welt kennenlernen. Der Heuboden wird zu eng, die Kinder sind eifrig dabei, ihre Umwelt zu entdecken. Obwohl alles riesengroß erscheint, gefährlich und unüberwindlich, beweisen die Kätzchen, mit aufrechtem Schwanz und weit geöffneten Augen, ihren Mut. Und bald werden sie auch lernen, wie man sich nach und nach Respekt verschafft und das Terrain erobert.
Wer weiß, ob sie nicht eines Tages, wenn sie erwachsen sind, die besten Mäusejäger der ganzen Welt sein werden, durch riesige Wälder streifen, gegen wilde Tiere, Sturm, Acker und Himmel kämpfen ... Bis jetzt haben sie schon Regel Nr. 1 gelernt:
»Der erste Feind ist der Hund.«
Gottseidank ist die Katzenmama noch immer in der Nähe!

Katzen schlafen
Überall,
Auf jedem Tisch,
Jedem Stuhl,
Auf dem Klavier,
Der Fensterbank,
In der Mitte,
In den Ecken,
In der Schublade,
Im leeren Schuh,
Auf irgendeinem
Warmen Schoß,
Eingezwängt
In einem Pappkarton,
Im Kleiderschrank
Bei deinen Sachen –
Was soll man machen?
Ganz egal,
Katzen schlafen
Überall!

Eleanor Farjeon

Auf jeden Fall will ich eine Katze ...
Ich will eine Katze.
Ich will jetzt eine Katze.

Wenn ich lange Haare haben kann,
oder sonst einen Spaß,
kann ich auch eine Katze haben.

Ernest Hemingway

Ein gewöhnliches
Kätzchen wird mehr
fragen als ein fünf
Jahre altes Kind.

Carl van Vechten

Die Katze ist ein Miniaturlöwe, der Mäuse mag, Hunde nicht leiden kann und den Menschen toleriert.

Werner Thielmann

In den meisten Betten haben bis zu sechs Katzen Platz.
Ohne den legitimen Besitzer bis zu zehn.

Stephen Baker

Eine Katze hat neun Leben: drei spielt sie, drei ist sie unterwegs, und in den letzten drei bleibt sie.

Englisches Sprichwort

Die Menschheit lässt
sich grob in zwei
Gruppen einteilen: In
Katzenliebhaber und
in vom Leben
Benachteiligte.

Francesco Petrarca

Eine Katze führt zwangsläufig zu einer zweiten.

Ernest Hemingway

Die Katze
ist ein Dilettant der
Pelz trägt.

Théophile Gautier

Zwei Katzen sind
genau so teuer wie
eine, aber ihr
Besitzer hat doppelt
so viel Spaß.

Lloyd Alexander

Diese pelzigen kleinen
Mistviecher sind wie tiefe, tiefe
Brunnen, in die wir unsere
Gefühle werfen.

Bruce Schimmel

Neugier tötete die Katze,
aber Zufriedenheit machte sie wieder lebendig.

Englisches Sprichwort

Siebenundzwanzig Katzen scheinen eine Art fixe Idee zu sein,
aber meist ist es einfach zu erklären.
Wenn man Katzen mag und einige hat,
bekommen diese Junge;

und wenn man kleine Kätzchen mag
und Freude daran hat, sie wachsen zu sehen,
hat man immer mehr Katzen.

Paul Gallico

Katzen sind
reine Pelz-
Verschwendung.

Rita Rudner

Unter Menschen ist
eine Katze bloß eine
Katze; unter Katzen
ist eine Katze ein
herumstreichender
Schatten im
Dschungel.

Karel Capek

Eine Katze ist ein
Löwe in einem
Miniaturwald.

Indisches Sprichwort

Ein Kätzchen, das auf dem Boden
liegt, vermittelt uns beim Aufheben
das Gefühl eines Schmetterlings:
der erste Frühjahrssturm.

Ennio Cavalli

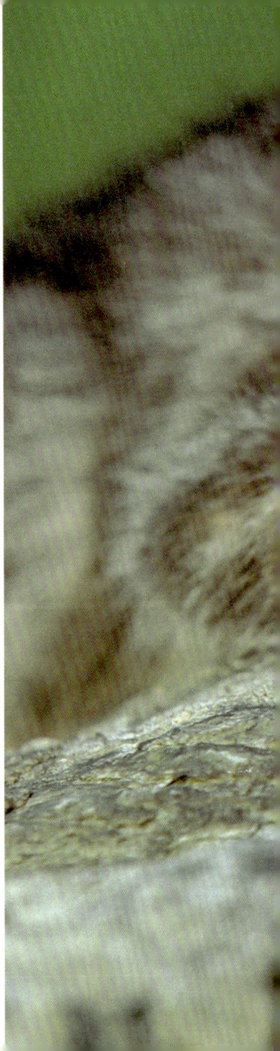

Ein Kätzchen ist die Rose im Garten eines tierischen Königreichs.

Robert Southey

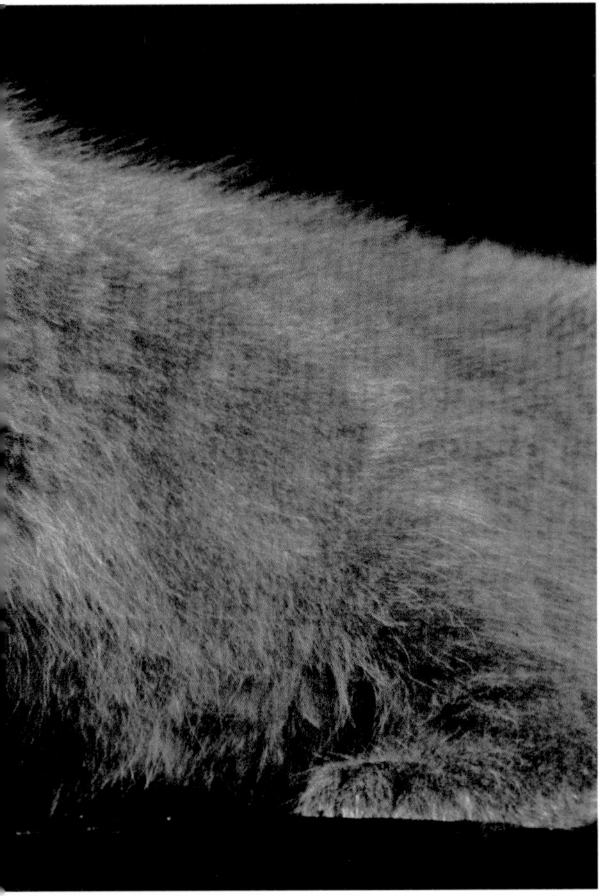

Egal, wie viel Katzen sich streiten, es hat immer den Anschein, dass es viele sind.

Abraham Lincoln

Versuche nie, eine Katze an Sturheit zu übertreffen!

Robert A. Heinlein

Aus Knospen
werden Rosen, und
aus Kätzchen
Katzen: schade.

Louisa May Alcotta

Wer eine Katze hat,
braucht das
Alleinsein nicht zu
fürchten.

Daniel Defoe

Wenn sie mich am Morgen wecken will, setzt sie sich mir auf die Brust und tätschelt mit der Pfote mein Gesicht. Oder wenn ich auf der Seite liege, hockt sie sich so hin, dass sie mir ins Gesicht sehen kann. Samtweiche Berührungen mit der Pfote. Ich öffne die Augen, sage ihr, dass ich noch nicht aufwachen mag. Ich schließe die Augen. Die Katze streichelt vorsichtig mit der Pfote meine Lider.

Die Katze leckt mir die Nase. Die Katze beginnt, fünf Zentimeter von meinem Gesicht entfernt, zu schnurren. Dann, während ich mich schlafend stelle, knabbert sie behutsam an meiner Nase. Ich lache und richte mich auf. Darauf springt sie vom Bett und huscht die Treppe hinunter – im Winter, damit ihr die Haustür geöffnet wird, im Sommer, um gefüttert zu werden.

Doris Lessing

Ein Mensch kann vielleicht eine Katze begleiten; mit einem Hund muss er spazieren gehen. Die Katze bestimmt den Weg und läuft voraus, mit hoch erhobenem Schwanz. Wenn er sie überholen will, wird es die Katze niemals zulassen, dass er glaubt, sie würde ihm folgen. Sie wird stehen bleiben, um irgendeine schwer erreichbare Stelle in ihrem Fell zu reinigen, oder um eine verdächtige Bewegung im Gras zu beobachten.

Robert Stearns

In Maine sind Katzen natürlich nicht so wichtig wie Kühe; aber in fast jedem Haus gibt es welche, manchmal rein zufällig, manchmal als Mäusejäger und Hüter der Kornkammer und des Hühnerstalls und manchmal als Haustier.

Elizabeth Coatsworth

Ein Kätzchen ist so lebhaft, dass es
manchmal aussieht, als sei es
doppelt da,
fast als hätte es einen Doppelgänger;
es spielt mit seinen Hinterbeinen,
als gehörten sie zu einem anderen
Kätzchen und hat noch nicht entdeckt,
dass sein Schwanz Teil seines
Körpers ist – bis man versehentlich
darauf tritt.

Henry David Thoreau

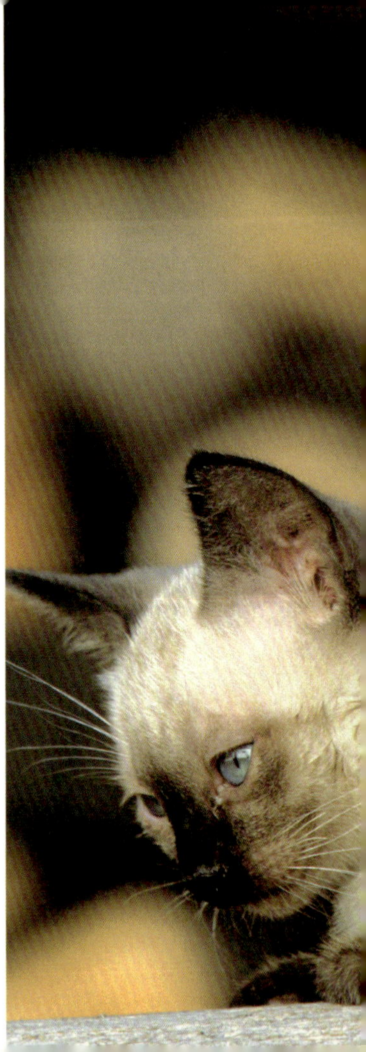

Katzen sind absolute Narzissten.
Das kann man wirklich sagen,
denn sie verbringen ihre ganze Zeit
ausschließlich mit Körperpflege.
Von Hunden kann man dies nicht
behaupten. Deren Vorstellung von
Hygiene erschöpft sich darin, sich in
einem toten Fisch zu wälzen.

James Gorman

Wenn sie plötzlich wach werden, wenden sie
dir ihr Gesicht zu und erschrocken sehen
wir uns selbst in den Augen wie ein totes
Insekt gespiegelt.

Rainer Maria Rilke

Ich erkannte bald,
dass meine Katze
Pouncer in keiner
Weise vernünftig mit
seinen akrobatischen
Fähigkeiten umging.

Am Ende des ersten
Tages taufte ich ihn
daher um auf den
Namen »Kamikaze«.

Cleveland Amory

Die Katze schläft im
Lärm. Erst die Stille
weckt sie, in der die
Mäuse rascheln.

Hans Kasper

Aus den Gesetzen der Katzen:
Dies ist mein Mensch.
Ich habe keine Angst vor ihm.
Er ist sehr stark, denn er isst sehr viel.
Was isst Du? Gib mir etwas davon!
Er ist nicht schön, denn er hat kein Fell.
Weil er nicht genug Speichel hat, muss er
sich mit Wasser waschen.
Er miaut sehr laut und viel mehr,
als nötig ist.
Manchmal schnurrt er im Schlaf.

Karel Capek

Es gibt nichts schöneres als den Frieden, den eine schlafende Katze ausstrahlt – und nichts lebendigeres, wenn eine Katze in Bewegung ist.

Christopher Smart

Weißes Händchen und weißes Tätzchen, und
keines von beiden die Krallen zeigt –
reizendes Weib und reizendes Kätzchen
necken sich, wenn der Tag sich neigt.

Paul Verlaine

Von allen schönen Anblicken der Natur,
deren es gewiss nicht wenige gibt, ist
zweifellos derjenige einer Katze, die mit ihren
Kätzchen spielt oder sie erzieht, der
hübscheste.

Edith Carrington

Einige Katzen sind blind, andere stocktaub.
Aber keine Katze ist doof.

Anthony Henderson Euwer

Meine Katze spricht
die Zeichensprache
mit ihrem Schwanz.

Robert A. Stern

Wer mit Katzen spielt, muss auf einen Kratzer gefasst sein.

Miguel de Cervantes

Kätzchen werden mit geschlossenen
Augen geboren.
Sie öffnen sie nach ungefähr sechs
Tagen, blicken umher,
dann machen sie sie wieder zu und
warten auf bessere Zeiten.

Stephen Baker

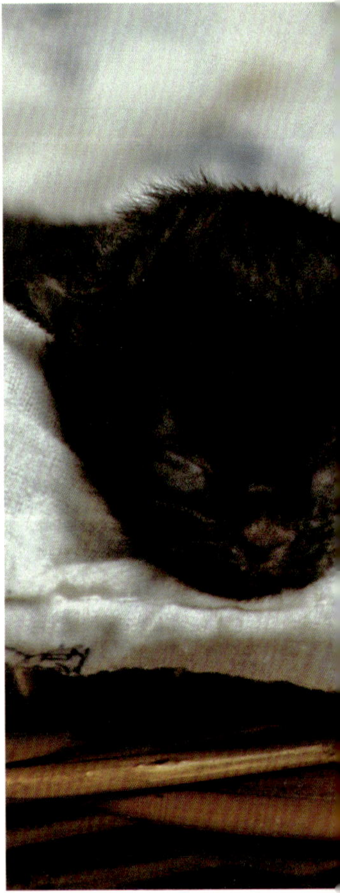

Die Katze ist ein außerordentlich schmuckes, reinliches, zierliches und anmutiges Geschöpf, jede ihrer Bewegungen nett und angenehm, und ihre Gewandtheit wahrhaft bewunderungswürdig.

Alfred Brehm

CIECO

Süße Träume

»Und das Verhalten der Katze war ziemlich eigen. Wir bemerkten bald, dass sie nie aufzufinden war, wenn man sie rief oder etwas von ihr wollte. Sie verschwand stundenlang und erschien erst wieder zur Essenszeit oder am Abend, wenn man sie in Ruhe ließ, und tat so, als sei das in Ordnung. Aber sie kam immer so unschuldig zurück und schnurrte liebevoll, dass es uns unmöglich war, ihr eine böse Absicht zu unterstellen.«

Orwell hätte nicht genauer und eindrucksvoller die Merkmale einer Katze beschreiben können: ihre Faulheit und vor allem ihr Schlafbedürfnis, die bewundernswerte und unnachahmliche Fähigkeit, jederzeit ein Schläfchen zu machen, egal wann, wo, ob bei Tag oder Nacht.

Andererseits hat die Katze die große Aufgabe übernommen, Mäuse zu jagen, die Vögel im Auge zu behalten, jeden Winkel und jedes Eckchen im Haus sorgfältig zu kontrollieren und die Umgebung zu erkunden. Ganz abgesehen von dem harten Kampf, ihr Territorium zu verteidigen.

Mit ihrer positiven Einstellung, ihrer Agilität, ihrem außerordentlichen Aussehen und ihrer unglaublichen intellektuellen Fähigkeiten wird die Katze von allen Lebewesen, die die Natur hervorgebracht hat, um diese außerordentlichen Qualitäten beneidet. Gerüchte entstehen und werden verbreitet und jedes verstärkt noch ihren Ruf: ihre Ehre steht auf dem Spiel, sie wird als faul und hinterlistig bezeichnet, als unproduktiv, als Opportunist.

Das Leben einer Katze ist wirklich hart: aber als geschickte Strategin weiß sie, wie sie es einrichten muss, um jene unbezahlbaren Momente zu nutzen, in denen sie ihre nächsten Taten planen und – warum auch nicht – sich ausgiebigen Meditationen über die beste aller Katzenwelten hingeben kann.

Für eine Katze ist es lebenswichtig, aus jeder Feindschaft einen Nutzen zu ziehen, die besten Rückzugsplätze aufzustöbern, die höchsten Baumwipfel erklimmen zu können, um immer eine sichere Privatsphäre in Anspruch nehmen zu können.
Es ist ebenso ihr unschätzbares Privileg, jederzeit ins Haus schlüpfen zu können, gestreichelt zu werden, sich auf dem weichsten Sofa niederzulassen, ausführlich zu gähnen und von dort aus nach draußen zu sehen und den Erzfeind zu beobachten: Der Hund, ausgesperrt, platzt beinahe vor Neid, springt erregt hin und her, wie ein schlechter Akrobat. Und schon schweift der Blick der Katze weiter ... Der Hund gibt resigniert auf, und die Katze gibt sich wieder ihren Meditationen hin. Wo war sie noch gleich, bevor der Clown da draußen ihre Meditation unterbrochen hatte?
Einen Moment sammelt sie ihre Gedanken, bis sie - eine wahre Philosophin im Tierreich - eine weitere wichtige Erkenntnis für das Leben einer Katze gewonnen hat:
Egal, was du falsch gemacht hast – lass es immer so aussehen, als hätte es der Hund getan!

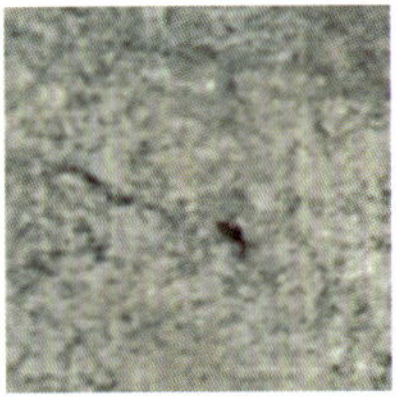

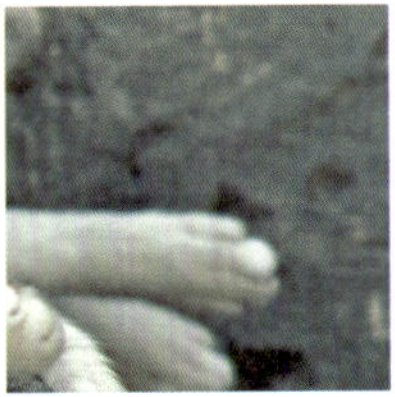

Sonntag, 27. Januar 1884

Da war noch eine andere Geschichte in der Zeitung, vor etwa einer Woche:
Ein Herr hatte eine Lieblingskatze, welcher er beigebracht hatte, mit am Tisch zu sitzen, wobei sie sich vorbildlich betrug. Er hatte die Angewohnheit, etliche Restchen von seinem Teller auf den der Katze zu tun. Eines Tages nahm die Mieze ihren Platz nicht so pünktlich ein, erschien aber gleich darauf mit zwei Mäusen, wovon sie eine auf den Teller ihres Herrn und eine auf ihren Teller legte.

Beatrix Potter

Ein Schriftsteller ohne Katze ist beinahe unvorstellbar. Eigentlich zeugt es von einem komischen Geschmack, weil es fast einfacher wäre mit einer Horde Büffel im Zimmer zu schreiben als mit alleine nur einer Katze; sie bauen Nester in Deinen Stapeln von Aufzeichnungen, schlagen ihre Zähne in das Ende Deines Stiftes und laufen über Deine Tastatur.

Barbara Holland

Katzen sind eitel
vom Schwanz bis zum Scheitel.
Doch muß ich gestehn:
Katzen sind schön.
Schau in den Spiegel,
so kannst du's sehn!

Josef Guggenmos

Der Inbegriff von
Stille ist eine
sitzende Katze.

Jules Reynard

Dr. Turton sagt: Die Katze hat ein ausdrucksvolleres
Stimmorgan als jedes andere Tier:
das Gurren der Wonne,
das Schnurren der Zufriedenheit,
das Miauen des Kummers,
das Knurren des Zorns und
das schreckliche Jaulen des Schmerzes.

Charles H. Ross

Eine Katze wird vom
Schlafen nicht dick
und vom
Herumstreunen nicht
dünn.

Fred Schwab

Die dicke Katze
auf der Matte
scheint vielleicht
zu träumen
von genügend
netten Mäusen
oder Sahne.

J.R.R. Tolkien

Katzen sind ganz empfindliche Kreaturen, und sie
können vielfältige Leiden haben,
aber ich habe noch nie von einer Katze gehört, die an
Schlaflosigkeit litt.

Josef Wood Krutch

Kein Mensch würde es wagen, seine Langeweile so offen zu zeigen wie es eine Katze tut, wenn sie ihren liebsten, wichtigsten Mensch angähnt.

Aldous Leonard Huxley

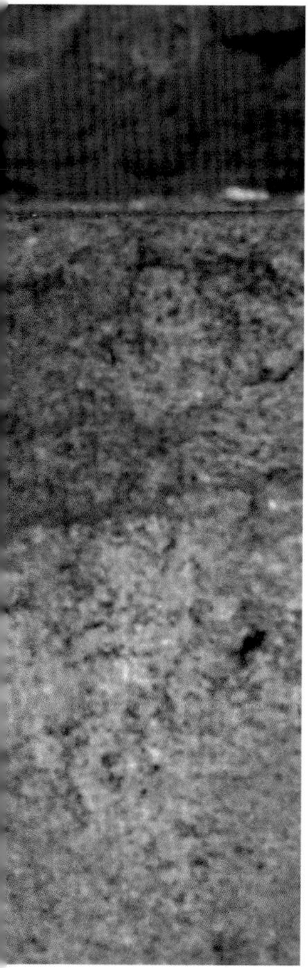

Komm, schöne Katze, auf mein liebend Herze,
und halte noch zurück der Pfote Krallen;
lass tauchend mich in deine Augen fallen,
worin sich mischen der Achat und Erze.

Charles Baudelaire

Sternklarer Himmel
über Herbstlaub und
schlummernden
Kätzchen.

Carlo Bramanti

Eine Katze gestattet es dir, in deinem Bett zu schlafen – aber bitte am Rand.

Jenny De Vries

Das Tintenfass wird nie leer, wenn es darum geht, über Katzen zu schreiben.

Jean-Louis Hue

Die Katze findet unfehlbar die wärmste Stelle im Haus.

Aldous Leonard Huxley

Sind Katzen faul? Ja, aber das verleiht ihnen noch mehr Macht. Wer von uns hat noch nicht geträumt davon, nur das zu tun, was man mag, wo man mag und so oft man mag.

Fernand Méry

Katzenpersönlichkeiten

Sidonie-Gabrielle Colette schrieb: »Es gibt keine gewöhnliche Katzen«. Und wer kann da widersprechen?

Jede Katze ist eine einmalige und unverwechselbare Kreatur. Jede hat ihren eigenen Charakter, ihre eigenen Vorstellungen und Vorlieben, ebenso wie jeder Mensch anders ist. Irgendwelche Ähnlichkeiten sind rein zufällig. Aber der innerste Kern einer Katzenseele beherbergt Eigenschaften, die allen Katzen zu eigen sind, zwingender Bestandteil ihrer Natur, tief eingemeißelt in ihr Herz.

Schläue, Egoismus, Langeweile, Sturheit, Neugier, Stolz und Eitelkeit sind die Bestandteile oder, wie wir sagen würden, ihre »Untugenden«. Und genau im Zwiespalt zwischen diesen unterschiedlichen Betrachtungsweisen finden wir dieses Rätsel über die Natur der Katze: Teufel oder Heilige? Eine reine und naive Seele oder doch ein schelmisches und verlogenes Schlitzohr?

Vielleicht beides. Schon Aesop erkannte vor mehr als tausend Jahren intuitiv ihre Schläue, und wir wissen aus eigener Erfahrung, wie egoistisch sie ist: Sie verschlingt ihr Fressen, als sei es das letzte Mal, dass sie etwas bekommt, ohne auch nur im Ansatz daran zu denken, es vielleicht mit ihresgleichen zu teilen, und ohne ein sichtbares Zeichen von Dankbarkeit.

Unendliche Faulheit, unverbesserlich und selbstzufrieden, ist ein weiterer wesentlicher Bestandteil des kätzischen Wesens. Sie schläft stundenlang im bequemsten Sessel weit und breit, ohne irgendeinen Drang, sich nützlich machen zu wollen, und ohne jede Spur von Schuld.

Und nicht zu vergessen ihre Sturheit! Haben Sie je versucht, sie für irgendein – vielleicht sogar noch absichtlich ausgeführtes – Fehlverhalten zu tadeln? Sie wird sofort stundenlang verschwinden, tödlich beleidigt sein, und Sie bei ihrer Rückkehr kaltschnäuzig und

gleichgültig behandeln. In diesem Fall müssen Sie warten, bis sie Ihnen verzeiht. Oder versuchen Sie mal, sie zu etwas zu zwingen, oder sie auf den Arm zu nehmen, wenn ihre Katze der Meinung ist, dass dies kein guter Tag zum Kuscheln ist!
Zumindest wird sie Ihnen eine feine »Tätowierung« auf den Arm kratzen, ein kleines, nettes Autogramm, damit Sie in Zukunft daran denken, Distanz zu wahren. Oder sie wird sich hartnäckig und routiniert in irgendeinem Versteck verbarrikadieren, wo normalerweise nicht mal eine Maus hinein passt.

Und ihre Neugier? Welche Katze würde nicht in irgendein Loch schlüpfen, um zu sehen, ob es dort vielleicht etwas Interessantes gibt. Jedes selbstbewusste Mitglied einer Katzenfamilie muss in der Tat in der Lage sein, zumindest mit einem Vorfahr zu prahlen, der in eine Waschmaschine geriet, die auf den ersten Blick wie eine simple und harmlose Blechhöhle ausgesehen hatte und die erforscht werden musste; stattdessen wurde er darin gefangen genommen, gewaschen und geschleudert .
Aber die meisten Wunden unserer Lieblinge, den Herrschern über das tierische Königreich, verursacht wahrscheinlich ihre Einbildung, diese typische kleine Adelsmarotte, diese Überlegenheit, als ob sie sagt: »Ach, armer Mensch, groß und mächtig wie du bist, was bringt dir das? Du kannst auf keinen Baum nach oben klettern, durch keinen Türspalt entweichen, bist kein guter Jäger, wenn du rennst, dann sieht

das lächerlich aus, und du hast Angst vor der Dunkelheit. Welch sinnloses Dasein!«
Ihr verachtender Blick kränkt Sie, und einen Moment lang denken Sie vielleicht ernsthaft, Sie seien ein unfähiger Tölpel.
Der wichtigste all dieser »Fehler« ist aber ihre Eitelkeit: Mit ihrer scharfen Intelligenz wird eine Katze nie ihre eigene Schönheit, ihre Eleganz und ihren Charme in Zweifel ziehen.
Die perfekte Proportion ihres Körpers, ihre Bewegungen und ihr eleganter Gang – all das rundet das Bild ab und weckt den Neid anderer tierischer Spezies (besonders Hunde) und Menschen. Sie weiß, dass sie schön ist, und sie liebt es, diese Schönheit zur Schau zu stellen: eine potenzierte Eitelkeit. Deshalb findet man weltweit in den Häusern überall Bilder von Katzen. Sie lässt sich gerne in allen möglichen Posen darstellen und von den Menschen bewundern.
Aber wenn wir genau darüber nachdenken, müssen wir uns fragen, ob diese Eigenheiten wirklich Defekte, Sünden, Mängel sind. Oder unterliegt alles nur einer moralischen Beurteilung, die von unserer Einstellung abhängt?

Wir werden es nie wissen, weil uns die Katze in ihrer unendlichen Vielfältigkeit einen Moment lang wie ein offenes Buch erscheint, um uns im nächsten Moment Lügen zu strafen und unsere moralischen Werte in Frage zu stellen.

Die Katze ist der lebende Beweis,
dass nicht alles in der Welt eine Funktion haben muss.

John F. Kennedy

Wenn sich eine Katze
wohlfühlt, kann sie ein
unbeschreibliches Geräusch
in ihrer Kehle rollen lassen.
Es ist eines der schönsten
Geräusche der Welt und man
nennt es Schnurren.

Elke Heidenreich

Ich legte mein Buch über die Bedeutung des Zen auf die Seite und sehe die Katze in ihren Pelz lächeln, als sie sich sanft mit ihrer rauen rosaroten Zunge putzt. »Katze, ich würde dir dieses Buch gerne leihen, aber es scheint, dass du es schon gelesen hast.« Sie blickt auf und schaut mich direkt an: »Mach dich nicht lächerlich«, schnurrt sie, »ich habe es geschrieben«.

Dilys Laing

Die Ratte wurde in ihrer kleinen Behausung vom Wiesel belagert und erwartete in beständiger Wachsamkeit ihre Vernichtung. Da kam die Katze hinzu, ergriff das Wiesel und verschlang es auf der Stelle. Die Ratte, ihrem Gotte zutiefst dankbar, und nachdem sie Jupiter einige ihrer Haselnüsse geopfert hatte, kam aus ihrem Loch heraus, um sich ihrer kürzlich verlorenen Freiheit wieder zu bemächtigen, wurde aber dieser und ihres Lebens durch die grausamen Krallen und Zähne der Katze unverzüglich beraubt.

Leonardo da Vinci

Bei Katzen, sagt man, gilt der Rat:
Sprich erst, wenn sie gesprochen hat.
Ich selbst jedoch halt nichts davon.
Die Katze grüßen darf man schon.
Nur denk daran zu jeder Zeit:
Sie hält nichts von Vertraulichkeit
Verbeug dich tief, geh auf sie zu
Und sag zu ihr: »Oh, Katze, du«.

aus »Cats«

Ich werde euch lehren,
unbewegt wie ein Ei zu sein
und wie ein Windgeist
durch das Gras zu streifen.

Marge Piercy

Eine Katze ist der geborene Gentleman – vornehm, exquisite Manieren, tadellos gekleidet und begeistert von kleinen Spitzfindigkeiten, mit wilden Liebesaffären, Duellen im Mondlicht und Freude am Singen. Sie erwartet von ihrem Personal untadelige Arbeit und verfügt über ein Repertoire an Schimpfworten, die einen Seemann erbleichen ließen.

Pam Brown

Die orangefarbene Katze
strahlt ab wie die Sommerhitze,
wenn sie in der Baumkrone sitzt,

und die Menschen wachen auf und schimpfen,
»es ist noch zu früh, um Licht anzumachen«!

Paolo De Benedetti

Katzen haben ein perfides Vergnügen daran,
etwas zu machen, was sie nicht machen sollten,
und ihre Unschuldshaltung verschlimmert ihr vorsätzliches
Vergehen noch.

Helen Winslow

Haustiere sind seltsam.
Hunde blicken
zu uns auf.
Katzen sehen
auf uns herab.
Schweine behandeln
uns als gleichwertig.

Winston Churchill

Müsste ein italienischer Designer ein Tier erfinden,
käme bestimmt eine Katze dabei heraus.
Sie ist windschnittig und einfach das schönste Tier auf der Welt.
Hunde sind auch schön, aber sie sabbern.

Akif Pirinçci

Gesicht gesträubt, die Iris weit,
ein unentschlüsselbarer Blick,

auf kleinen Pfoten läuft ein Stück
von Leben mit uns durch die Zeit.

Günter Kunert

Das Kätzchen ist wirklich ein
unwiderstehliches Pelzknäuel,
nervös und zart, ein begabter
Schauspieler, das nach allem schlägt,
seinen eigenen Schwanz jagt
und versucht, seinen eigenen
Schatten zu fangen.

Carl van Vechten

Katzen können Mäuse fangen,
haben Krallen, scharf wie Zangen,
kriechen durch die Bodenlöcher
und zuweilen auf die Dächer.

Mäuschen mit den Ringelschwänzchen
machen auf dem Dach ein Tänzchen.
Leise, leise schleicht die Katz',
fängt die Maus mit einem Satz.

Unbekannter Verfasser

Katzen sind mysteriöse Wesen:
Du weißt nie, ob sie dich lieben,

oder nur vorhaben, dein Haus in Besitz zu nehmen.
Dieses Rätsel macht sie zu den attraktivsten Tieren.

Paul Moore

Die Katze lässt sich vom Mensch helfen
Aber anders als der Hund leckt sie ihm nicht die Hand.
Und anders als ein anderer Freund des Menschen,
das Pferd, schwitzt die Katze nicht unter seiner Last.
Die einzige Arbeit, zu der sie sich herablässt,
ist das Fangen von Mäusen und Ratten,
und das macht Spaß.

Vance Packard

Die Blicke der Katze sind ferner und fremder; ihre Augen sind gelb wie der Bernstein, blau wie der Saphir, grün wie der Türkis. Mandas Augen sind von einem Blau, wie es sonst in der Natur kaum vorkommt ...

Ernst Jünger

Meine Katze ist das Denkmal einer Katze. Das Denkmal einer Katze müsste so sein wie meine Katze. Manchmal gehe ich ganz nah an sie heran und lausche, ob sie noch atmet.

Horst Bienek

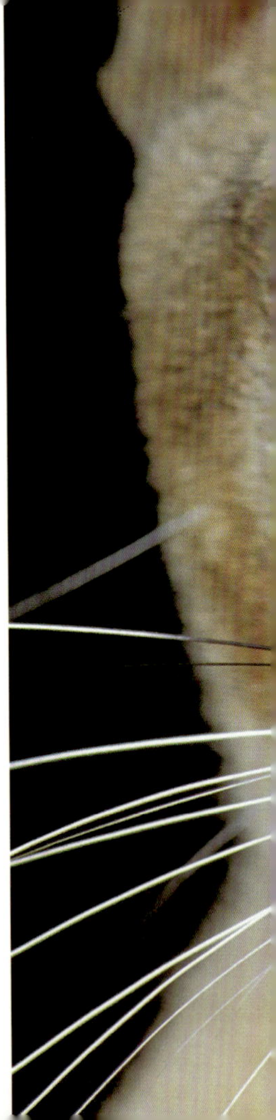

Abessinier

Körperbau: mittelgroß, geschmeidig und anmutig, mit gut entwickelter Muskelstruktur, langer, spitz zulaufender Schwanz, stark am Ansatz

Kopf: leichte Keilform, breite Stirn

Augen: große mandelförmige Augen, gut auseinander stehend, in gelb, grün oder bernsteinfarben. Sie sind im Allgemeinen von einer feinen dunklen Linie umrahmt

Ohren: Die Ohren sind groß, spitz, weit auseinander stehend, an der Basis breit mit Haarbüscheln an der Spitze.

Fell: kurz, weich, fein und glänzend, aber dicht

Farben: braun mit schwarzem Ticking, chocolate, rotbraun, rot, lilac, blau, beige, silber, creme

Charakter: verspielt und kletterfreudig, temperamentvoll, dabei anpassungsfähig und umgänglich

Besonderheiten: Nur kleine Würfe mit drei bis vier Jungen. Der wildkatzenartige Look dieser Katze ist nicht ganz irreführend: Sie ist sehr freiheitsliebend, unternehmungslustig und selbstbewusst. Im Gegensatz zu einer Wildkatze liebt sie jedoch die menschliche Nähe und steht gern im Mittelpunkt.

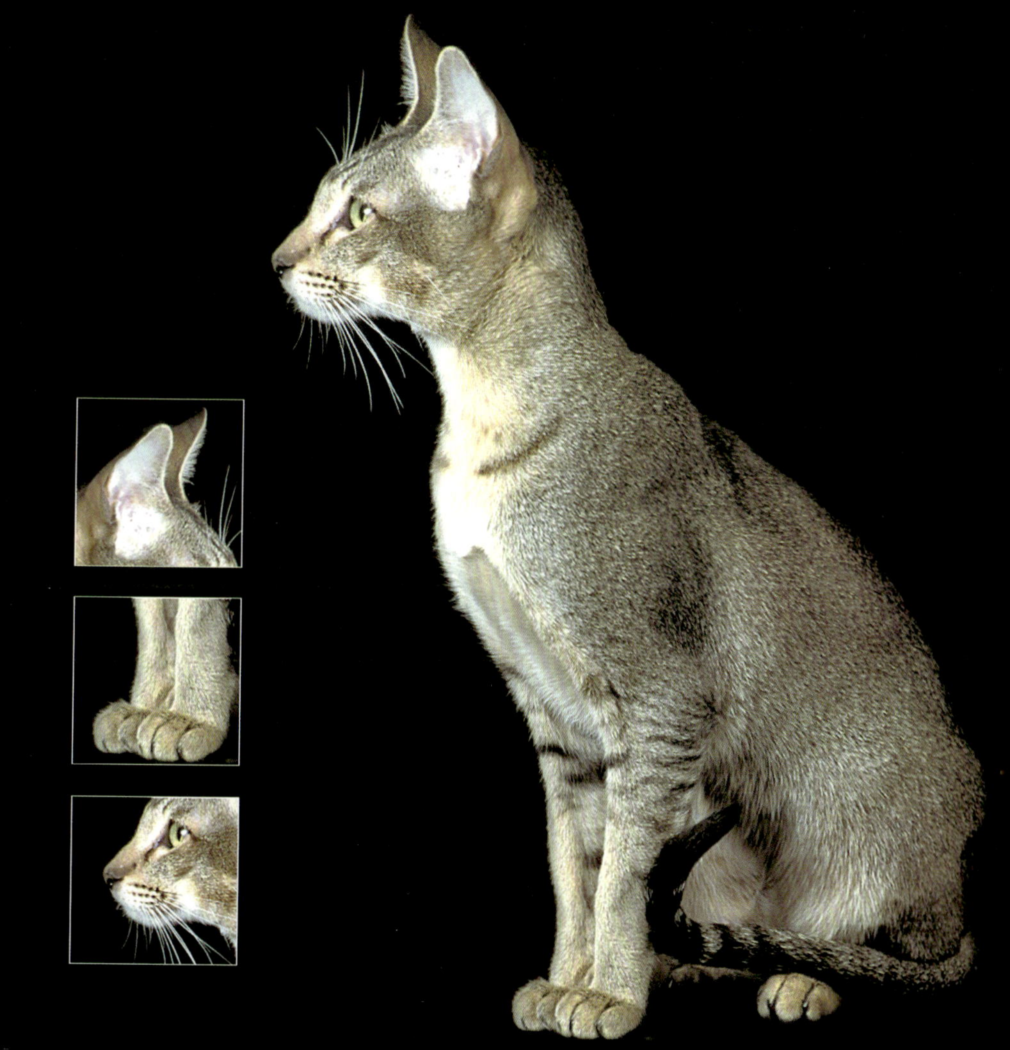

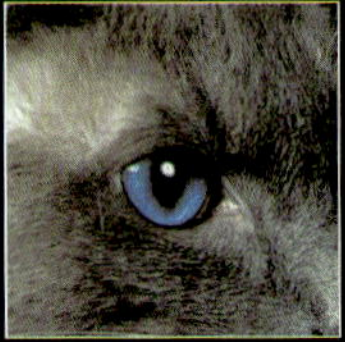
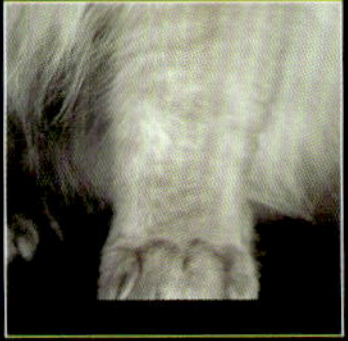

Balinese

Körperbau: schlank, fast knochig, mit langem, dünn auslaufenden Schwanz. Die Pfoten sind klein und oval.

Kopf: mittelgroßer, keilförmiger Siam-Kopf mit langer Nase und geradem Profil

Augen: mittelgroße, leicht schräg stehende Augen in leuchtendem Blau

Ohren: groß und keilförmig

Fell: mittellang, seidig, ohne Unterwolle

Farben: alle Farbschläge und Muster der Siam, helle Körperfärbung, Points deutlich abgesetzt (braun, blau, rot, orange)

Charakter: freundlich und lebhaft, genießt die Aufmerksamkeit und Gesellschaft von Menschen

Besonderheiten: Die ersten Balinesen stammten aus einem Siamwurf, der neben den normalen kurzhaarigen Siamjungen auch langhaarige Katzenkinder hatte.

Russisch Blau

Körperbau: grazil und mittelgroß, langgestreckt und muskulös, schlanke Beine, langer, dünn auslaufender Schwanz; Hinterbeine länger als Vorderbeine, Pfoten klein und rund

Kopf: kurz, keilförmig, mit gerader Nase

Augen: mandelförmige, leuchtend grüne Augen

Ohren: große, leicht zugespitzte Ohren, sehr dünnhäutig, fast durchsichtig

Fell: dichtes, sehr feines und seidiges, plüschartig abstehendes Kurzhaar

Farben: Einzig anerkannte Farbe ist Blau mit Silber gefärbten Spitzen der Leithaare. Es gibt noch eine äußerst seltene weiße Variante.

Charakter: Sie sind sehr still, zurückhalten, schüchtern und friedlich, binden sich eng an den Besitzer und sind perfekte Wohnungskatzen.

Besonderheiten: Das Fell der Russisch Blau unterscheidet sich in seiner Struktur deutlich von dem anderer Kurzhaarkatzen (Doppelfell).

Britisch Kurzhaar

Körperbau: mittelgroßer stabiler Körper mit breiter Brust, stämmigen und muskulösen Beinen, kleinen, runden Pfoten und kräftigem Schwanz

Kopf: groß und rundlich, die Nase ist kurz mit leichtem Stopp

Augen: große, runde Augen in unterschiedlichen Farben

Ohren: kurze und weit auseinander stehende Ohren

Fell: kurz und dicht, nicht flach anliegend, gute Unterwolle

Farben: schwarz, weiß, blau, creme, lilac, chocolate und schildpatt. Für die einzelnen Farbschläge sind nur bestimmte Augenfarben zulässig.

Charakter: sanfte und bedächtige Katzen, anhänglich, intelligent und liebenswert

Besonderheiten: Die erwachsenen Kater sind deutlich größer als die Katzen.

Burma

Körperbau: muskulöser, athletischer, trotzdem eleganter Körper mit geradem, mittellangen Schwanz

Kopf: kurzer Keil, breit an den Backenknochen, Nase mit deutlichem Stopp

Augen: weit auseinander stehende, ausdrucksvolle und lebhafte Augen, in leuchtendem Gelb erwünscht

Ohren: Die Ohren sind mittelgroß, weit auseinander stehend, an der Basis breit, die Spitze ist abgerundet.

Fell: sehr kurz, fein, seidig, glänzend und eng anliegend, fast ohne Unterwolle

Farben: Die ursprüngliche Burmafarbe ist braun. Weitere Farben: rot, creme, chocolate, lilac, blau. Bei allen Farben ist der Unterkörper heller als Rücken und Beine.

Charakter: liebenswert, spielfreudig, redselig, anhänglich, manchmal auch fordernd

Besonderheiten: apportiert häufig aus freien Stücken. Sie ist nicht mit der langhaarigen Birma verwandt.

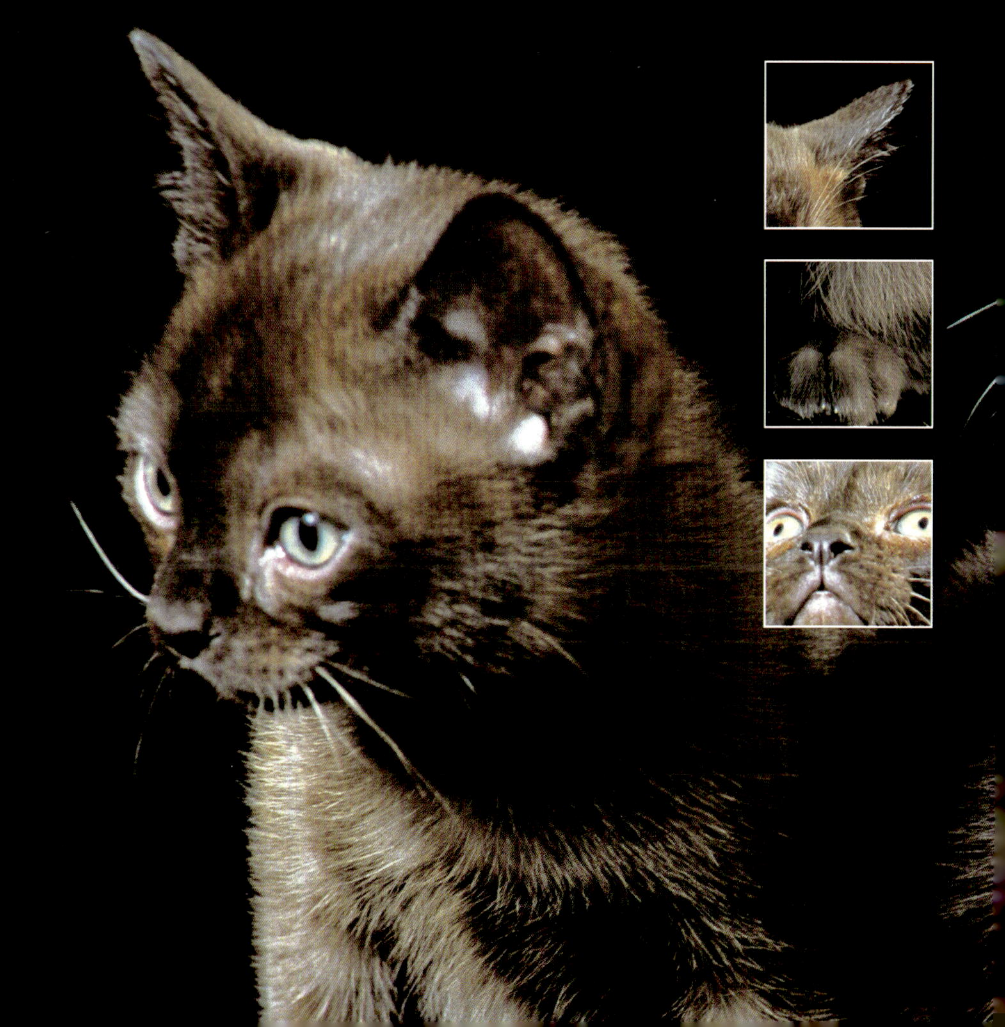

Ceylonkatze

Körperbau: klein bis mittelgroß, grazil, untersetzt, muskulös, Brust gerundet, kurzer, muskulöser Nacken, Hinterbeine länger als Vorderbeine, Schwanz relativ kurz, mit dickem Ansatz und abgerundeter Spitze

Kopf: gerundet, kurz, breit, ausgeprägte Wangenknochen

Augen: groß, weit auseinander stehend, oberer Rand mandelförmig, in leuchtendem Gelb bis Grün

Ohren: Die Ohren sind groß, hoch angesetzt.

Fell: kurz, fein, seidig, mit wenig Unterwolle

Farben: Es gibt mehrere Farbschläge. Je nach Farbschlag ist das Fell sand- bis goldfarben mit entsprechendem Ticking. Beine und Schwanz sind gestreift. Auf der Brust sind bis zu drei Halsbänder. Die Stirn trägt das für Tabbykatzen typische »M«.

Charakter: Die Ceylonkatze ist sehr gesellig, sanft, lebhaft, aufgeschlossen und anhänglich.

Besonderheiten: Die nach ihrer Heimat benannte Ceylonkatze (engl.: Ceylon cat) ist eine neue, sehr seltene Rasse, über die leider noch nicht viel bekannt ist. Sie stammt aus Südasien mit Schwerpunkt Sri Lanka, dem ehemaligen Ceylon. Das getickte Fell lässt eine Verwandtschaft mit den Abessiniern vermuten. Der Körperbau lässt einen Einfluss der Burmakatze erahnen.

Kartäuser

Körperbau: großer, quadratischer und muskulöser Körper mit stämmigen Beinen und einem großen, kurzen Schwanz. Die Pfoten sind klein und wohlproportioniert.

Kopf: rund, massig, breiter Schädel, kräftiges Kinn, kurze, breite Nase

Augen: Die Augen sind groß und rund, leuchtend orange- und kupferfarbig.

Ohren: Die Ohren sind hoch angesetzt und mittelgroß.

Fell: kurz, weich und sehr dicht, vom Körper abstehend mit viel Unterwolle

Farben: einheitliches Blau

Charakter: Es ist ein einfühlsames, zärtliches, geduldiges und sehr intelligentes Tier, das sehr verträglich ist.

Besonderheiten: Die erwachsenen Kater sind meist sehr kräftig und deutlich größer als Katzen.

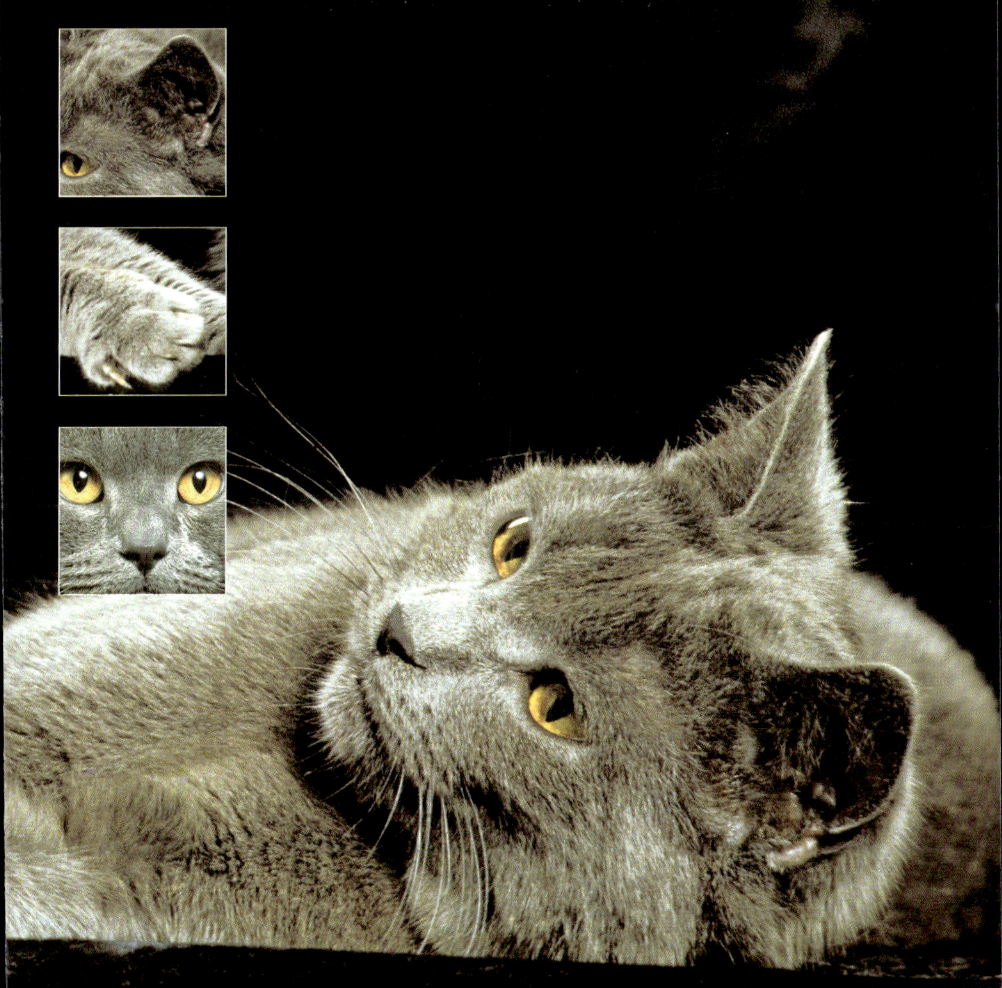

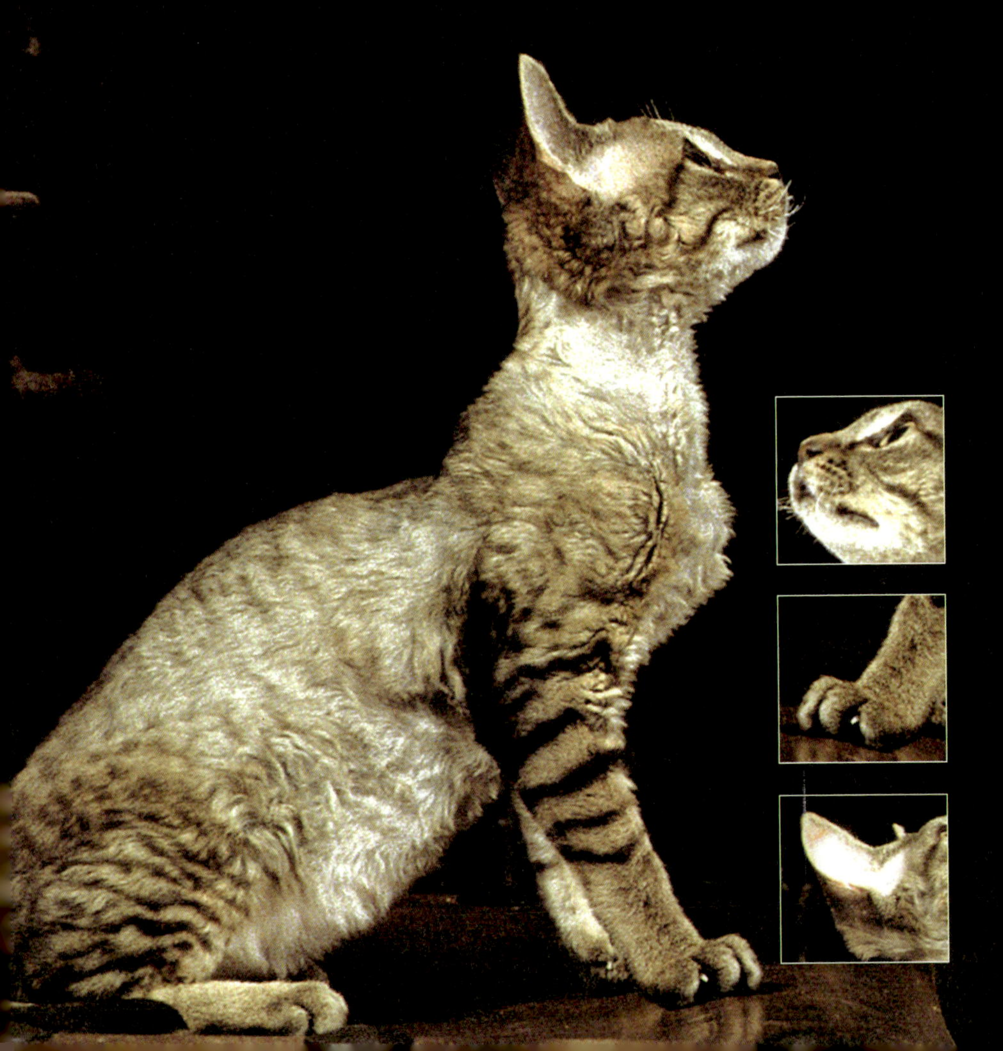

Cornish und Devon Rex

Körperbau: mittelgroß, schlank und zierlich, mit langem Schwanz. Die Beine sind dünn und ziemlich lang mit sehr kleinen, ovalen Pfoten.

Kopf: kleiner und keilförmiger Kopf mit spitzem, schmalem Gesicht

Augen: mandelförmige, leicht schräg gestellte Augen

Ohren: Die Ohren sind groß, am Ansatz sehr breit und laufen spitz aus.

Fell: sehr kurz und samtig fein, kein Deckhaar, gewellt, Augenbrauen und Schnurrhaare gekräuselt

Farben: alle Farben und Pointfarben

Charakter: Die Cornish Rex ist eine freundliche, dynamische und verspielte Katze, während die Devon Rex es manchmal faustdick hinter den Ohren hat.

Besonderheiten: Wenn sich die Devon Rex freut, wedelt sie wie ein Hund mit ihrem Schwanz.

Ägyptische Mau

Körperbau: sportlich und muskulös, jedoch anmutig und graziös mit mittellangem Schwanz, der spitz ausläuft. Die Pfoten sind klein und oval.

Kopf: leichte Keilform, breite Stirn

Augen: mandelförmige und leicht schräg gestellte, bei allen Farbschlägen grüne Augen.

Ohren: Große Ohren

Fell: mittellanges, dichtes Fell mit dunklen Tupfen auf hellem Grund. Streifen an den Wangen und auf dem Rücken, der Schwanz ist geringelt, »M«-Markierung auf der Stirn.

Farben: schwarz, smoke, bronze, silber und zinnfarben

Charakter: ausgeprägte Individualität, aktiv, sehr neugierig, liebenswert und gesellig

Besonderheiten: Die Ägyptische Mau hat immer einen leicht »besorgten« Gesichtsausdruck. Ihre Jungen kommen mit einer noch nicht vollständig ausgeprägten Fellzeichnung zur Welt.

Exotisch Kurzhaar

Körperbau: mittelgroß bis groß, kompakt, kurze kräftige Beine mit großen runden Pfoten, dicker Schwanz mit gerundetem Ende

Kopf: rund, massiv und gut proportioniert, breiter Schädel, kurze breite Nase, deutlicher Stopp

Augen: groß, rund, offen, weit auseinander stehend. Die Augenfarbe hängt von der Fellfarbe ab.

Ohren: Die Ohren sind klein, weit auseinander stehend und niedrig platziert.

Fell: kurz bis mittellang, weich, sehr dicht und vom Körper abstehend, sehr dick und von mittlerer Länge

Farben: alle Perserfarben

Charakter: Typisches Perser-Naturell: bedächtig und zurückhaltend, braucht aber die enge Bindung an ihren Menschen.

Besonderheiten: Das Fell muss täglich gepflegt werden.

Europäisch Kurzhaar

Körperbau: mittelgroß, muskulös, kräftige Beine, mittellanger Schwanz

Kopf: großer, runder Kopf, gerade und relativ kurze Nase

Augen: groß und offen, mandelförmig

Ohren: Die Ohren sind mittelgroß und leicht abgerundet.

Fell: kurz, dicht, federnd

Farben: Farbschläge in weiß, schwarz, rot, blau, creme, verschiedene Schildpattvarianten. Besonders typisch ist die schwarze Tigerzeichnung auf silbernem Grund.

Charakter: liebenswert und intelligent, freiheitsliebend und pflegeleicht. Sie sind hervorragend in der Lage, sich ihren Lebensumständen anzupassen. Als Freigänger sind sie verwegene Mäusejäger, können sich aber auch mit einem Leben in der Wohnung anfreunden.

Besonderheiten: Die Jungen sind sehr lebhaft und meist frühreif.

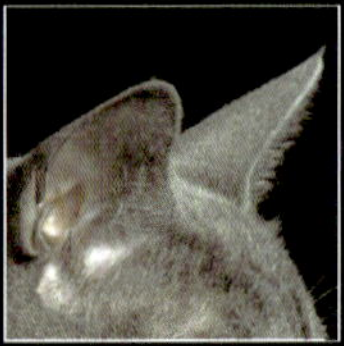
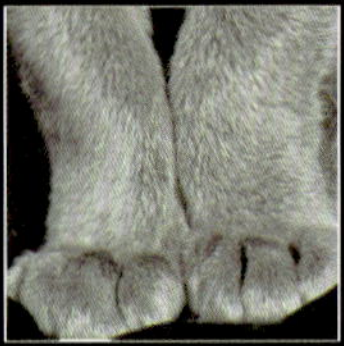

Korat

Körperbau: klein bis mittelgroß, geschmeidig und gut proportioniert, mittellanger, dünn auslaufender Schwanz

Kopf: herzförmiges Gesicht, kurze Nase mit leichtem Stopp

Augen: Die Augen sind groß, rund, weit geöffnet und leuchtend grün.

Ohren: große Ohren mit abgerundeter Spitze

Fell: kurz bis mittellang, eng anliegend, glänzend

Farben: blau mit silbernem Tipping

Charakter: sanft, zutraulich, intelligent und neugierig. Menschliche Zuwendung ist ihr sehr wichtig. Auf die Gesellschaft anderer Katzen und Haustiere legt sie keinen Wert.

Besonderheiten: Die grünen Augen sind erst im Alter von zirka zwei Jahren ausgeprägt.

Maine Coon

Körperbau: großer, kräftiger Körper mit breiter Brust und langem Rücken. Langer Schwanz mit breitem Ansatz, zum Ende hin spitz, volle, lange, wehende Behaarung.

Kopf: mittelgroß, kantig, konkave Nasenlinie, gebogene Stirn, kräftiges Kinn

Augen: groß, weit auseinander stehend und leicht oval

Ohren: sehr groß, weit auseinander stehend und an der Basis breit

Fell: halblanges, dichtes Deckhaar, mäßiges Unterfell, an Kopf, Schultern, Beinen kurz, auf dem Rücken und an den Seiten länger

Farben: alle Farben außer Pointzeichnung, chocolate, zimtfarben, lilac und beige

Charakter: zärtlich und freundlich, sucht die Nähe des Menschen, will aber auch ihre eigenen Wege gehen

Besonderheiten: Die Maine Coon ist ein Frischluft-Fanatiker. Sie sucht sich gerne ein Versteck, um dort in den seltsamsten Positionen zu schlafen.

Manx

Körperbau: mittelgroß, kurzer Rücken, tiefe Flanken. Da die Vorderbeine länger als die Hinterbeine sind, ähnelt ihr Gang dem eines Hasen.

Kopf: breiter, mittelgroßer Kopf, gerundete Stirn, kurzer und kräftiger Hals

Augen: rund und groß

Ohren: breit am Ansatz und an der Spitze abgerundet

Fell: kurz, fein, glatt mit dichtem Unterfell. Bei Langhaar-Varianten ist das Haar an Pfoten, Bauch und Hals generell länger.

Farben: Alle Farben sind möglich.

Charakter: Sie sind ausgezeichnete Jäger, aktiv, anhänglich und geduldig mit Kindern.

Besonderheiten: Manx haben nur einen kurzen, oft unregelmäßig geformten Stummelschwanz, manchmal auch überhaupt keinen.

Norwegische Waldkatze

Körperbau: kräftig und robust, massive Knochen, Hinterbeine länger als Vorderbeine, Haarbüschel zwischen den Zehen. Langer, behaarter buschiger Schwanz.

Kopf: dreieckiger Kopf, im Profil ohne Stopp

Augen: große, leicht mandelförmige Augen, grün oder gelb

Ohren: weit oben sitzend, mit Haarpinseln

Fell: halblang, glänzend und Wasser abweisendes Deckhaar, dichte Unterwolle an Flanke und Rücken. Lange, grobe, glänzende Grannenhaare; Hemdbrust, Halskrause, Knickerbocker.

Farben: Erlaubt sind fast alle Farben und Zeichnungen.

Charakter: sehr intelligent und verspielt. Fürchtet sich weder vor Wind noch Wetter. Sie sind gesellige Zeitgenossen, sozial und schätzen ihre Artgenossen. Die temperamentvollen Schmuser verabscheuen die Einsamkeit.

Besonderheiten: Sie lernt schnell, Türen und Kleiderschränke zu öffnen.

Ocicat

Körperbau: mittelgroßer bis großer, gut proportionierter und muskulöser Körper, mittelstarker, langer Schwanz, der leicht spitz zuläuft, dunkle Spitze

Kopf: keilförmig, ohne Stopp, breite Schnauze

Augen: große und mandelförmige Augen, leicht schräg, alle Farben außer blau

Ohren: weit auseinander stehende, dreieckige Ohren. Im Innenohr kleine Haarpinsel.

Fell: weiches, glattes und glänzendes Kurzhaar. Alle Haare außer der Schwanzspitze sind gebändert, in den Tupfen dunkel getippt; Grundfarbe hell getippt.

Farben: silber, chocolate, wildfarben, zimt und weitere Farbschläge. Wichtig ist der Kontrast zwischen Muster und Grundfarbe.

Charakter: intelligent, empfindsam und sehr neugierig. Die Ocicat ist eine hochintelligente Rarität mit eigenem Kopf.

Besonderheiten: Oft haben sie ein »M«-Zeichen auf der Stirn, direkt über den Augen.

Orientalisch Kurzhaar

Körperbau: schlank, elegant und muskulös, mit langen, schlanken Beinen. Der Schwanz ist lang, dünn am Ansatz und endet peitschenartig in einer Spitze. Die Pfoten sind klein und oval.

Kopf: kleiner, langer und keilförmiger Kopf, gut proportioniert. Der Hals ist lang und dünn.

Augen: mittelgroß, mandelförmig, grün oder blau

Ohren: Die Ohren sind im Verhältnis zum Kopf sehr groß, am Ansatz breit und spitz auslaufend.

Fell: kurz, fein, eng anliegend und glänzend. Haare sind auf dem Schwanz länger.

Farben: einfarbig in den üblichen Farben, tabby, silver-tabby, schildpatt

Charakter: selbstbewusst, neugierig, aktiv intelligent und sehr anhänglich. Orientalen brauchen Gesellschaft und lieben das Spielen.

Besonderheiten: Diese Rasse ist sehr eloquent, lautstark und manchmal auch übertrieben mitteilungsbedürftig.

Perser

Körperbau: mittelgroßer, kompakter Körper mit breiter Brust und dickem Hals auf kurzen, stämmigen Beinen. Der Schwanz ist kurz und buschig.

Kopf: groß, breit, mit runder Stirn und markantem Kinn, stumpfe Nase

Augen: große, runde, ausdrucksvolle Augen, die in der Farbe zum Fell passen sollen

Ohren: Die Ohren sind klein und leicht gerundet.

Fell: üppig, vom Körper abstehend, Deckhaar bis zu 15 cm lang. Halskrause von der Schulter bis zur Brust und Haarbüschel an den Pfoten.

Farben: weiß, schwarz, blau, rot, creme, chocolate, lilac, alle Schildpattvariationen, alle als Bicolour, Harlekin, Van, mit Tappymuster, silber, golden, Colourpoint

Charakter: ruhige und gesetzte Tiere mit geringem Bewegungsbedarf. Beim Spielen können sie jedoch eine Beweglichkeit zeigen, die man ihnen auf den ersten Blick nicht zutraut.

Besonderheiten: Wer sich für diese haarige Schönheit entscheidet, muss sich darauf einstellen, dass die tägliche Fellpflege fester Bestandteil seines Lebens wird.

Ragdoll

Körperbau: robust, mächtig, massiv, breite Brust, kurzer Hals und stämmige Beine, die Pfoten sind groß. Der Schwanz ist lang und buschig.

Kopf: breite, modifizierte Keilform mit nur angedeutetem Stopp, kleine kurze Nase

Augen: große, leicht ovale Augen in klarem Blau

Ohren: mittelgroße, weit auseinander stehende Ohren

Fell: halblang, dicht und seidig, lang am Hals, kurz im Gesicht

Farben: seal (braun), blau, lilac, chocolate mit weißem Hals, weißer Brust und weißen Pfoten

Charakter: außerordentlich umgänglich und friedlich, anhänglich und verspielt. Sie ist angenehm, leise und unaufdringlich und eignet sich zur Wohnungskatze.

Besonderheiten: Der Name Ragdoll (engl. Stoffpuppe) weist auf die entspannte Haltung der Katze hin, wenn man sie auf den Arm nimmt.

Birma

Körperbau: mittelgroß und kräftig, kompakte Struktur und stämmige Beine. Schultern und Hinterteil gleich hoch, buschiger Schwanz.

Kopf: breit, rund, nicht perserartig

Augen: groß und weit auseinander stehend, in leuchtendem Blau

Ohren: weit auseinander stehende, runde Ohren

Fell: fein, halblang und seidig glänzend. Points im Gesicht, an Ohren, Schwanz und Beinen, weiße Pfoten (vorne »Handschuhe«, hinten »Söckchen«). Birma kommen mit einem kurzen und weißen Fell auf die Welt.

Farben: In allen Farb-Variationen (blau, chocolate, rot, beige, auch als Schildpatt und Tabby). Ohren und Gesicht sind dunkler.

Charakter: leise, sanft und sehr verträglich. Ruhig und anpassungsfähig integrieren sie sich problemlos in jeden Lebensstil.

Besonderheiten: Die Vorfahren sollen Tempelkatzen aus Burma gewesen sein. Deshalb wird sie auch »Heilige Birma« genannt.

Scottish Fold

Körperbau: harmonischer, mittelgroßer Körper mit gut entwickelten Muskeln. Die Pfoten sind rund, der Schwanz mittellang und beweglich.

Kopf: gerundet, mit dicken Wangen und gut gerundeten Schnurrhaarkissen. Die Nase ist kurz und weist eine leichte Kurve auf.

Augen: weit geöffnet, groß, rund, mit liebenswertem Ausdruck

Ohren: Die Ohren – der eigentliche Blickfang der Rasse – sind vorwärts und abwärts gefaltet. Typvolle Ohren liegen wie ein Käppchen über dem Kopf und unterstreichen die Rundung des Schädels.

Fell: mittelkurz, dicht, plüschig

Farben: wie Perser-Katzen mit passender Augenfarbe sowie jede andere Farbe und Musterung, außer pointfarben

Charakter: Sie sind liebenswürdig und neugierig, schlafen gerne auf dem Rücken. Sie lieben es, von ihrem Platz aus alles, was um sie herum passiert, zu beobachten und jede Bewegung ihres Menschen zu verfolgen.

Siam

Körperbau: mittelgroßer, lang gestreckter und graziler Körper auf langen, schlanken Beinen mit kleinen, ovalen Pfoten. Langer, am Ansatz dünner Schwanz, der spitz ausläuft und keinen Knick aufweisen darf.

Kopf: keilförmig, ein perfektes Dreieck, das von der Nase zu den Punkten der Ohren geht. Die Nase ist lang und gerade.

Augen: mittelgroß, mandelförmig, leicht schräg gestellt und zeigen ein leuchtendes, tiefes Blau

Ohren: groß und an der Basis sehr breit, laufen spitz aus

Fell: sehr kurz, eng anliegend und seidig glänzend. Points als vollständige Gesichtsmaske sowie an Ohren, Beinen und am Schwanz.

Farben: Siam Seal-Point, Siam Chocolate-Point, Siam Blue-Point, Siam Creme-Point, Siam Tabby-Point. Das dunkle Braun der Seal-Point ist die klassische Siam-Färbung.

Charakter: temperamentvoll, intelligent und sehr kommunikativ. Liebenswert, verspielt und extrem anhänglich. Eine Siam nimmt seinen Besitzer rund um die Uhr in Anspruch. Verlangt nach ständiger Zuwendung und Beschäftigung und wird eigensinnig, wenn sie nicht beachtet wird.

Besonderheiten: Akzeptiert die Katzenleine.

Sibirische Katze

Körperbau: groß, muskulös (kann ein Gewicht bis zu 12 kg erreichen), mit kräftigen Beinen und großen, runden Pfoten mit Haarbüscheln zwischen den Zehen

Kopf: relativ breiter Kopf mit gerundeten Konturen auf muskulösem Hals

Augen: große, leicht ovale und leicht schräg stehende, eindrucksvolle Augen, gelb-grün leuchtend

Ohren: groß, zugespitzt und an der Basis relativ breit

Fell: mittellang, weiche Unterwolle, grobes, glänzendes Deckhaar an Rücken, Flanken und Schwanzoberseite, wasserabweisend. Das Gesicht ist von langen Haaren eingerahmt, das Fell ist im hinteren Körperbereich und besonders am Schwanz länger.

Farben: mehrere Farbschläge. Die goldene Tupfenzeichnung ist am häufigsten. Weiße Fellpartien an Brust und Pfoten.

Charakter: selbstständig und zurückhaltend vor allem gegenüber Fremden, dabei aber freundlich und aufmerksam. Vor allem die Kater können sehr wild sein.

Singapura

Körperbau: kleiner, gut proportionierter, kompakter Körper; mittellanger Schwanz mit abgerundeter Spitze. Die Pfoten sind sehr klein.

Kopf: rundlicher Kopf und kurze Nase mit leichtem Stopp

Augen: mandelförmige Augen in braun, grün oder gelb mit dunkler Umrandung

Ohren: Die Ohren fallen aufgrund ihrer Größe deutlich auf, nicht zuletzt wegen der hellen Haarbüschel im Innenohr.

Fell: kurz, fein und glatt

Farben: dunkelbraunes Ticking auf elfenbeinfarbigem Grund. Bauchseite, Kinn und Brust sind heller als Rücken und Flanken.

Charakter: liebenswert und sanft, aktiv, neugierig und anhänglich, gegenüber Fremden jedoch eher zurückhaltend

Besonderheiten: Singapura bleiben bis ins hohe Alter verspielt.

Somali

Körperbau: mittelgroß, anmutig, geschmeidig, muskulös, langer, breit ansetzender und sich verjüngender, buschiger Schwanz, die Beine sind lang, die Pfoten klein

Kopf: keilförmiger Kopf mit leicht abgerundeten Konturen, mittellange Nase

Augen: ovale Augen mit dunklen Rändern, bernsteinfarben, grün oder gelb

Ohren: Die Ohren sind groß und spitz und stehen weit auseinander.

Fell: fein, sehr dicht, mittellang, an der Schulter kürzer. Halskrause, längere Behaarung an den Hinterbeinen, Haarbüschel zwischen den Zehen

Farben: Farbschläge wie Abessinier. Silber, wildfarben, lilac, rot, chocolate, blau, rotbraun, beige, creme.

Charakter: sehr neugierig und intelligent, friedfertig und sehr umgänglich

Besonderheiten: Somalis lieben das Leben in freier Natur und sind nur sehr schwer als reine Wohnungskatzen zu halten.

Sphynx

Körperbau: mittellang, hart, muskulös, einem sich verdünnenden Schwanz, langen Beinen und kleinen, runden Pfoten

Kopf: kleiner Kopf, etwas länger als breit, mit einer kurzen Nase

Augen: tiefliegend, schräg gestellt und generell in dunklem Bernstein

Ohren: Die Ohren sind groß und an den Spitzen abgerundet.

Fell: unbehaart, kurzer, weicher Flaum möglich. Die Haut fühlt sich wie Wildleder an. Die Sphynx hat Falten rund um die Schnauze, zwischen den Ohren und rund um die Schulter.

Farben: alle Farbvarietäten

Charakter: ruhig, liebevoll, lässt sich aber nicht gern auf den Arm nehmen

Türkisch Van

Körperbau: muskulös, kräftig, gedrungen, stämmige, mittellange Beine mit kleinen, runden Pfoten. Der Schwanz ist mittellang und gut behaart.

Kopf: klein, ein kurzes, nach unten abgestumpftes Dreieck, gerade Nase

Augen: ovale, orientalisch schräg gestellte Augen, groß, hell- bis dunkelbernsteinfarben, orange, blau oder zwei verschiedenfarbige Augen

Ohren: große, spitz zulaufende Ohren

Fell: lang und seidig, weiß, ohne Unterwolle, im Sommer kurz, im Winter lang

Farben: Die Kombination von weiß mit kastanienroten Flecken an Kopf, Ohren und Schwanz ist typisch. Eine weiße Blesse trennt die Farbfläche auf dem Kopf.

Charakter: freundlich, aktiv und gesellig, leise und angenehme Stimme

Besonderheiten: Es ist eine der wenigen Katzen, die Wasser liebt und sich mit großen Sprüngen darin vergnügt.

Danksagung

Der Verleger und der Autor möchten gern den vielen Menschen danken, die dazu beigetragen haben, dass die Fotos für dieses Buch realisiert werden konnten:

Paolo Marino Cravero
Milena Mura
Leni Rosso
Patrizia Orsi
Anna Maria Fizzotti
Mariella Bianchi
Eugenio Scansola
Tina Spedalieri
Nicoletta Cerrani
Franca Maria Gabriele
Massimo Compostella
Valerio Trenchi
Fabio Brambilla
Alberta Molare
Isabella Lenoci
Mario Ottino
Patrizia Bina

Und ein spezieller Dank an:

Ettore Peyrot

Adriano Bacchella

Adriano Bacchella wurde 1960 in Turin geboren. Der Beruf des Fotografen ist für ihn wahre Berufung. Seine Tierfotos sind weltweit in zahlreichen Zeitschriften erschienen, wie beispielsweise in der Zeitschrift GEO in Frankreich, Deutschland, Spanien und Korea.

Auch in mehreren Büchern sind seine Bilder zu sehen. Momentan beschäftigt er sich beruflich mit Lifestyle und Food. Veröffentlicht werden seine Fotos in Coté Sud, AD, Flair Living, Ville e Giardini, Spazio Casa, Natural, Ville & Casali, Plaisir Maison, Vie del Gusto, Meridiani, Traveller, In Viaggio.

Bildnachweis

Britisch Kurzhaar: 124-125

Birma: 121, 177, 299, 386

Ceylon: 126-127, 272-273, 330-331, 385, 405

Kartäuser: 187, 282-283, 294-295, 296-297, 352-353

Devon Rex: 244

Ägyptische Mau: 264, 265

Exotisch Kurzhaar: 144, 156-157, 278 (rechts), 279 (links), 348, 349, 355, 397

Europäisch Kurzhaar: 30, 38-39, 40-41, 44-45, 46-47, 48-49, 55, 59, 84-85, 86-87, 108, 112, 128-129, 134-135, 136-137, 143, 152-153, 174, 175, 181, 188, 189, 210-211, 226-227, 236, 239, 240, 241, 256, 257, 258-259, 260, 261, 262-263, 276, 277, 284-285, 286-287, 288, 289, 290-291, 292-293, 312, 313, 314, 342, 356-357, 358-359, 370, 371, 372, 373, 374-375, 376, 390, 409

Mischlinge: 42-43, 192, 198, 199, 228-229, 304-305, 306-307, 308-309, 310-311, 362, 366-367, 368-369

Korat: 120

Maine Coon: 52-53, 56-57, 60-61, 64-65, 66-67, 68-69, 70, 71, 72, 75, 76-77, 78-79, 80, 81, 82-83, 89, 90-91, 92, 102-103, 109, 110-111, 122-123, 190-191, 206-207, 216, 217, 232, 233, 234-235, 275, 315, 316, 318-319, 322-323

Manx: 360-361, 393

Norwegische Waldkatze: 138, 171, 224

Ocicat: 106-107, 208, 209, 220, 223, 324-325

Orientalisch Kurzhaar: 182, 183, 184, 185, 250, 332-333, 335, 389, 394-395, 398-399, 410-411

Perser: 99, 104-105, 114, 131, 132, 140, 141, 146, 147, 149, 154, 159, 186, 268, 269, 278

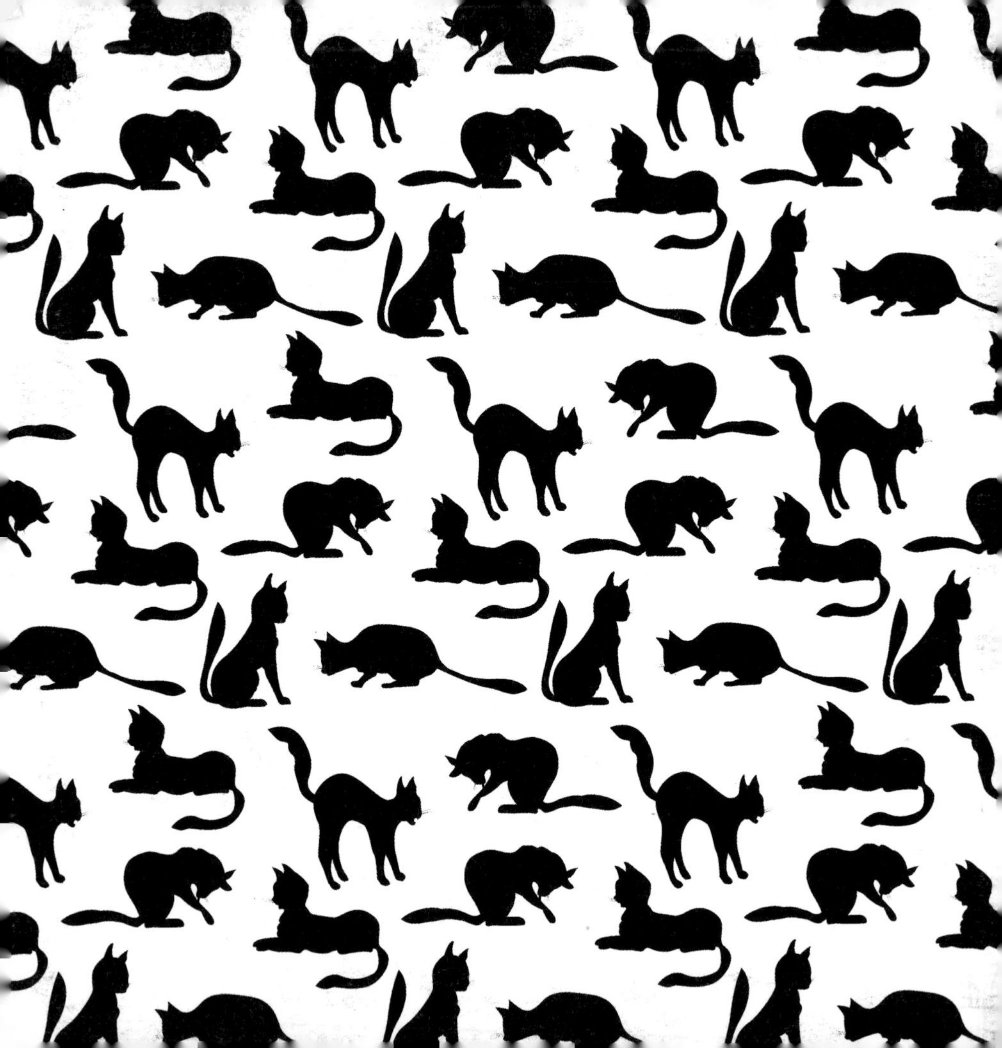